普通高等教育计算机类“十三五”系列教材

办公软件高级应用案例实践（Office 2010）

赵建锋 吕圣军 李勇 主编

内 容 提 要

本书深入探讨了Office 2010主要组件的应用，以案例和任务实施为线索组织教学内容，包括Word 2010、Excel 2010、PowerPoint 2010的高级应用，以及Office 2010单选题和判断题，内容涵盖Word 2010、Excel 2010、PowerPoint 2010、Office 2010文档安全、VBA宏及其应用、Outlook 2010邮件与事务日程管理。

本书同《办公软件高级应用教程（Windows7 Office 2010版）》配套使用，也可独立使用。本书可作为学习和实践办公软件应用的教学用书，也是准备计算机等级考试的必备教材。

图书在版编目（CIP）数据

办公软件高级应用案例实践 : Office 2010 / 赵建锋，吕圣军，李勇主编. -- 北京 : 中国水利水电出版社，2016.6(2018.1重印)
普通高等教育计算机类“十三五”系列教材
ISBN 978-7-5170-4316-4

Ⅰ. ①办… Ⅱ. ①赵… ②吕… ③李… Ⅲ. ①办公自动化－应用软件－高等学校－教材 Ⅳ. ①TP317.1

中国版本图书馆CIP数据核字(2016)第125171号

书　名	普通高等教育计算机类“十三五”系列教材 **办公软件高级应用案例实践（Office 2010）**
作　者	主编　赵建锋　吕圣军　李　勇
出版发行	中国水利水电出版社 （北京市海淀区玉渊潭南路1号D座　100038） 网址：www.waterpub.com.cn E-mail：sales@waterpub.com.cn 电话：(010) 68367658（营销中心）
经　售	北京科水图书销售中心（零售） 电话：(010) 88383994、63202643、68545874 全国各地新华书店和相关出版物销售网点
排　版	中国水利水电出版社微机排版中心
印　刷	天津嘉恒印务有限公司
规　格	184mm×260mm　16开本　6印张　142千字
版　次	2016年6月第1版　2018年1月第2次印刷
印　数	3001—5000册
定　价	**18.00**元

前　言

当今社会，计算机办公软件的应用已融入到各行各业，并发挥着越来越重要的作用。办公软件能做什么？怎么做？对这些问题的不同认识深刻地影响着我们学习和工作的效率。

本书同《办公软件高级应用教程（Windows7 Office 2010 版）》配套使用，也可独立使用。本书深入探讨了 Office 2010 主要组件的应用，以案例和任务实施为线索组织教学内容，是学习和实践办公软件应用的理想教材。书中提供的丰富案例，也将对读者顺利通过浙江省高校计算机等级考试起到积极的作用。

第 1 章是 Word 2010 高级应用，主要介绍样式和格式、分割设置（分页和分节）、域的使用、版面设计、文档审阅和模板的应用；第 2 章是 Excel 2010 高级应用，主要介绍数据有效性设置、公式和函数，以及条件格式、数据筛选、数据透视图和数据透视表等数据分析和管理工具的应用；第 3 章是 PowerPoint 2010 高级应用，主要介绍幻灯片版式、主题、动画设计和幻灯片放映设置；第 4 章 Office 2010 单选题和判断题，内容涵盖 Word 2010、Excel 2010、PowerPoint 2010、Office 2010 文档安全、VBA 宏及其应用、Outlook 2010 邮件与事务日程管理。

本书由浙江工业大学之江学院赵建锋、吕圣军、李勇主编，张惠、王定国、桂婷参加了本书的编写工作。全书由赵建锋统稿。

由于编者水平有限，本书在案例取舍和内容阐述等方面可能存在诸多不足，敬请广大读者批评指正。读者在使用本书过程中如需要其中的案例素材，可与出版社或编者联系，编者邮箱：zjf@zjut.edu.cn。

编　者

2016 年 5 月于杭州

目录

第 1 章　Word 2010

1.1　知 识 点 概 述

1. 样式

样式是一组预置的格式排版命令，运用样式能够直接将文字或段落设置成事先定义好的各种格式。根据应用对象的不同，样式可分为字符样式、段落样式、链接样式、表格样式和列表样式。

从系统的角度来看，样式可分为内置样式和自定义样式。Word 2010 自带的样式称为“内置样式”，可见于“快速样式”列表，如图 1.1 所示；更多的内置样式在“样式”任务窗格中呈现；如果现有样式与所需格式设置相差很大，可以创建一个新样式，称为“自定义样式”。

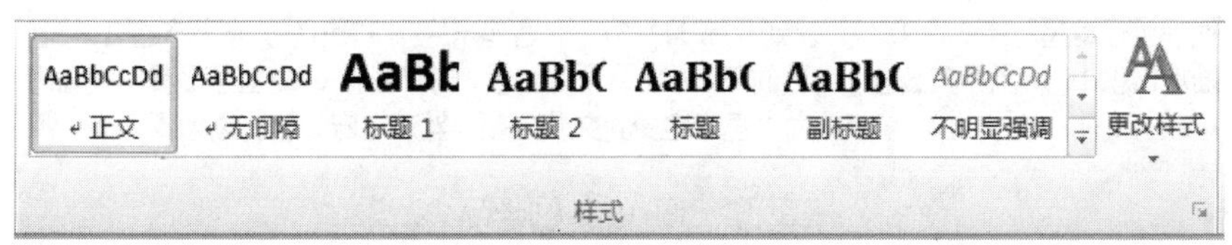

图 1.1　“快速样式”列表

对样式的操作通常包括应用样式、修改样式、创建新样式和删除样式。

长文档处理中的章节自动编号需用到多级列表，多级列表的使用也是以样式为基础的，需要将每一级别链接到相应的样式如标题 1、标题 2 等。

2. 分页和分节

在“页面布局”选项卡的“页面设置”功能组中，单击“分隔符”可选择插入分页符或分节符，如图 1. 2 所示。

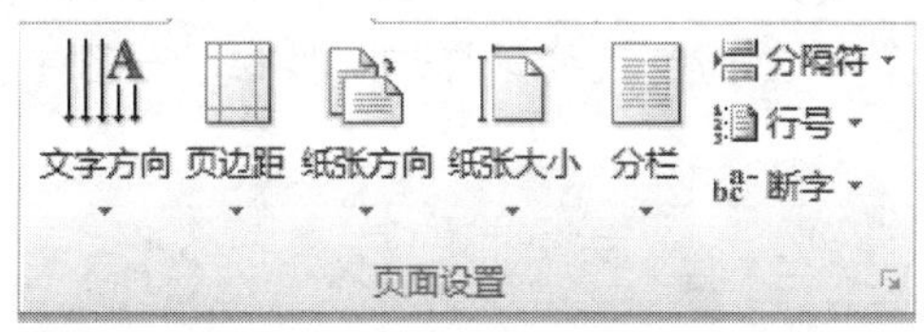

图 1.2　“页面设置”功能组

（1）分页。编辑文档时，若内容填满一页，Word 便会自动分页。若需要在特定位置强制分页，可插入分页符，如图 1.3 所示。

浙江因钱塘江（又名浙江）而得名。它位于我国长江三角洲的南翼，北接江苏、上海，西连安徽、江西，南邻福建，东濒东海。……………分页符……………

图 1.3　分页符示例

（2）分节。节是文档的一部分，是页面设置的最小有效单位。默认情况下，Word 将整篇文档设为一节。在文档的排版过程中，可运用分节来实现版面设计的多样化，如为不同的部分设置不同的页边距、纸张大小和方向、页眉和页脚、分栏等。分节是通过插入分节符来实现的，Word 的分节符有以下四种：

- 下一页：强制分页，新的节从下一页开始。
- 连续：新的节从下一行开始。
- 偶数页：强制分页，新的节从下一个偶数页开始。
- 奇数页：强制分页，新的节从下一个奇数页开始。

以上四种分节符示例如图 1.4～图 1.7 所示。

浙江因钱塘江（又名浙江）而得名。它位于我国长江三角洲的南翼，北接江苏、上海，西连安徽、江西，南邻福建，东濒东海。……………分节符(下一页)……………

图 1.4　分节符（下一页）

浙江因钱塘江（又名浙江）而得名。它位于我国长江三角洲的南翼，北接江苏、上海，西连安徽、江西，南邻福建，东濒东海。……………分节符(连续)……………
地理坐标南起北纬 27° 12′，北到北纬 31° 31′，西起东经 118° 01′，东至东经 123°。陆地面积 10.18 万平方公里，海区面积 22.27 万平方公里，海岸线长 6486 公里，其中大陆海岸线长 1840 公里。浙江素被称为“鱼米之乡，文物之邦，丝茶之府，旅游之地”。

图 1.5　分节符（连续）

浙江因钱塘江（又名浙江）而得名。它位于我国长江三角洲的南翼，北接江苏、上海，西连安徽、江西，南邻福建，东濒东海。……………分节符(偶数页)……………

图 1.6　分节符（偶数页）

浙江因钱塘江（又名浙江）而得名。它位于我国长江三角洲的南翼，北接江苏、上海，西连安徽、江西，南邻福建，东濒东海。……………分节符(奇数页)……………

图 1.7　分节符（奇数页）

注意：如果插入分页符或分节符后在页面上没有显示相应的标记，请单击“开始”选项卡“段落”功能组右上角“显示/隐藏编辑标记”按钮，如图 1.8 所示，可以显示段落标记和其他隐藏的格式符号。

图 1.8　“显示/隐藏编辑标记”按钮

3. 主控文档与子文档

视图是文档在计算机屏幕上的显示方式。Word 2010 主要提供了页面视图、阅读版式视图、Web 版式视图、大纲视图、草稿视图等多种视图形式。

在大纲视图中，可以方便地查看文档的结构，折叠或展开标题，以及处理主控文档和子文档，“大纲视图”功能组如图 1.9 所示。

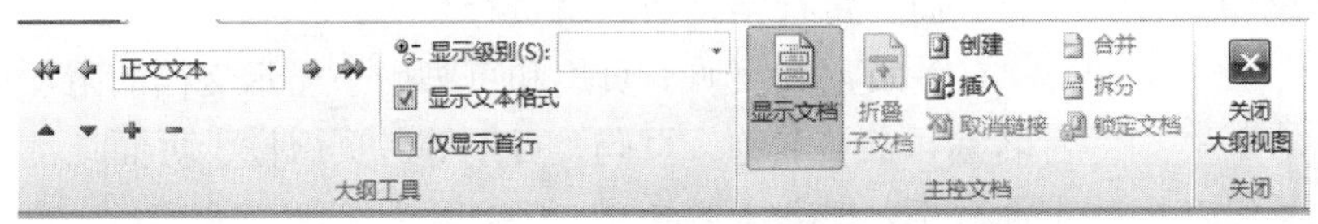

图 1.9 “大纲视图”功能组

主控文档是一种长文档管理模式，是一组单独文档（或称为子文档）的容器，可创建并管理多个子文档。

4. 文档注释

文档注释是 Word 中常见的应用，包括插入脚注和尾注、图或表的题注的设置、设置交叉引用、插入索引等。在“引用”选项卡中包括了目录、脚注、题注、索引等功能组，如图 1.10 所示。

图 1.10 “引用”选项卡功能组

（1）脚注和尾注。脚注通常用来对文档内容进行注释说明，一般位于文字下方或页的下方；尾注通常用来说明引用的文献，一般位于整篇文档的末尾。

（2）题注。在 Word 文档中为插入的对象，如图片、表格、图表、公式等进行说明。Word 将题注标签作为文本插入，将连续的题注编号作为域插入。在文档中可以为插入的项目手动添加题注，也可以在插入对象时自动添加题注。

（3）交叉引用。引用文档中其他位置的内容，交叉引用的内容是一个域，在 Word 中可以为标题、脚注、书签、题注、编号等创建交叉引用。

（4）索引。索引可以列出文档中重要的关键词或主题，Word 可以自动提取文档中特殊标记的内容。在生成索引之前，必须先将索引的词条标记为索引项，然后利用标记创建索引，Word 2010 提供了手动标记与自动标记索引项两种方式。

5. 页面设置

（1）页面设置。“页面设置”窗口如图 1.11 所示，其中包括页边距、纸张、版式、文档网格等选项内容。

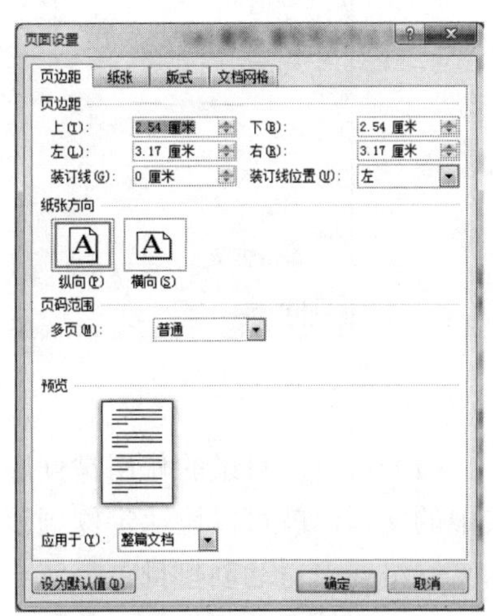

图 1.11 “页面设置”窗口

● 页边距。设置页面四周的空白区域，在页边距区域内可以放置页眉、页脚和页码等项目，还可以设置纸张方向、多页功能（如书籍折页等）。

- 纸张。选择纸张大小或设置自定义纸张的宽度和高度。
- 版式。设置页眉页脚是否奇偶页不同、是否首页不同，设置页面垂直对齐方式，添加行号等。
- 文档网格。设置文字方向、每行字符数、每页行数等。

（2）页眉和页脚。页眉和页脚用于显示文档的附加信息，如作者名称、章节名称、页码、日期等。页眉位于页面顶部，页脚位于页面底部。

（3）页码。页码一般加在页眉或页脚中，当然也可以加到页面的其他位置。在“页码格式”选项中可对页码的格式进行设置，如设置页码的数字格式、是否包含章节号、起始页码等。

图 1.12 “页眉页脚”功能组

在“插入”选项卡中包含了页眉页脚功能组，可实现对页眉页脚及页码的设置，如图 1.12 所示。

6. 域

（1）域。域相当于文档中可能发生变化的数据。有些域是在操作文档时用 Word 的相关命令自动插入的，如目录、索引、题注等；有些则需要通过手动插入域来实现，如显示文档信息的作者姓名、文件大小或页数等。

单击“插入”/“文档部件”，选择“域”，可打开“域”对话框，如图 1.13 所示，Word 提供了丰富的域类别，可根据需要插入域、更新域。

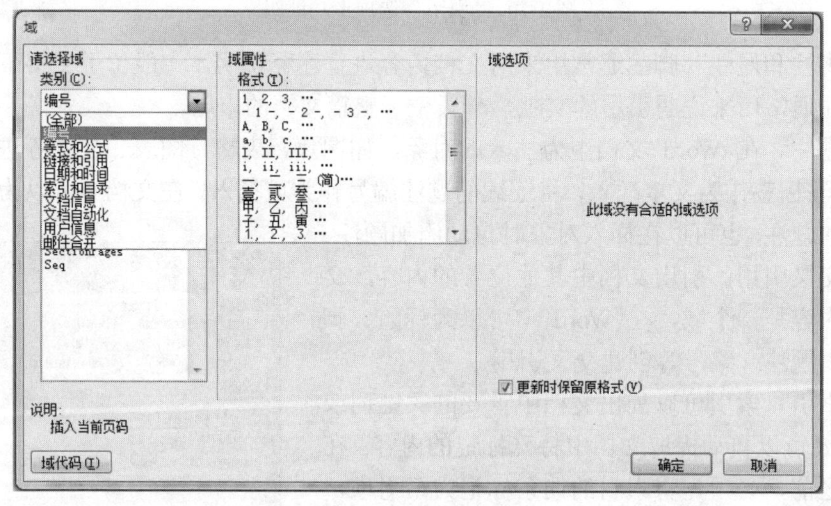

图 1.13 “域”对话框

（2）目录。目录的作用是列出文档中各级标题及其所在的页码，按住 Ctrl 键并单击目录中的文本，就可以快速定位到该文本所对应的位置。一般使用 Word 中的内置标题样式和大纲级别来自动创建目录。

（3）邮件合并。邮件合并是 Word 中“域”的一项重要应用，在邮件合并中所使用的域为 MergeField 域。MergeField 域的作用是在主文档中将数据域名显示在“《》”形的合并字符中，当主文档与所选数据源合并时，指定数据域的信息会插入在合并域中。使用邮件合并功能可以快速批量生成信函、工资单、通知、成绩单等文档。

7. 文档审阅

（1）批注。批注是审阅者在阅读 Word 文档时所作的注释、提出的问题、建议或者其他想法。批注不显示在正文中，它不是文档的一部分，也不会被打印出来。

（2）修订。使用修订功能可以让审阅者直接在文档中进行修改，启用修订功能后，审阅者在文档中的每一次插入、删除或是格式更改都会被标记出来。当原作者查看修订时，可以选择接受或拒绝每一处更改。

8. 模板

模板是由多个特定样式和设置组合而成的预先设计好的特殊文档，在 Word 2010 中，模板文件的扩展名为“.dotx”。模板决定了文档的基本结构和格式设置。任何文档都是基于模板的，如默认空白文档是基于 Normal 模板的。当经常需要重复编辑格式相同的文档时，就可以使用模板来提高工作效率。

Word 2010 自带了丰富的模板库，实际应用中用户也可以自行创建模板，再根据模板来创建文档。

1.2　Word 综合操作

【案例 1.1】打开“浙江旅游概述.docx”，根据原文所提供的素材，按以下要求完成对全文的设置和排版。

（1）对正文进行排版。

1）使用多级列表对章名、小节名进行自动编号，要求：章名使用样式“标题 1”，并居中显示，编号格式为：第 X 章（例：第 1 章），其中 X 为自动排序，对应“级别 1”；小节名使用样式“标题 2”，左对齐，编号格式为：X.Y（例：1.1），其中 X 为章数字序号，Y 为节数字序号，对应“级别 2”。

【操作提示】

将光标定位在“第一章　浙江旅游概述”文字处，或选中“第一章　浙江旅游概述”，单击“开始”/“多级列表”/“定义新的多级列表”，打开“定义新多级列表”对话框，如图 1.14 所示。

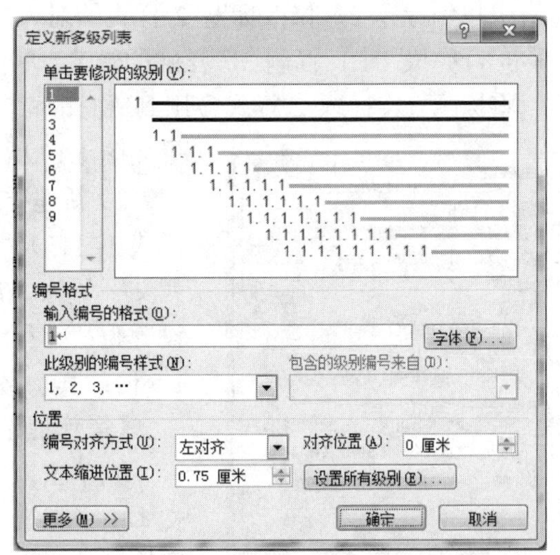

图 1.14　“定义新多级列表”对话框（一）

在左上角“单击要修改的级别”中选择级别 1；输入编号的格式（在“1”的前后分别输入“第”和“章”两个字），保持此级别的编号样式为阿拉伯数字“1，2，3，…”格式；单击左下角“更多”按钮展开设置窗口，将级别链接到样式标题 1，如图 1.15 所示，完成第 1 级别的设置。

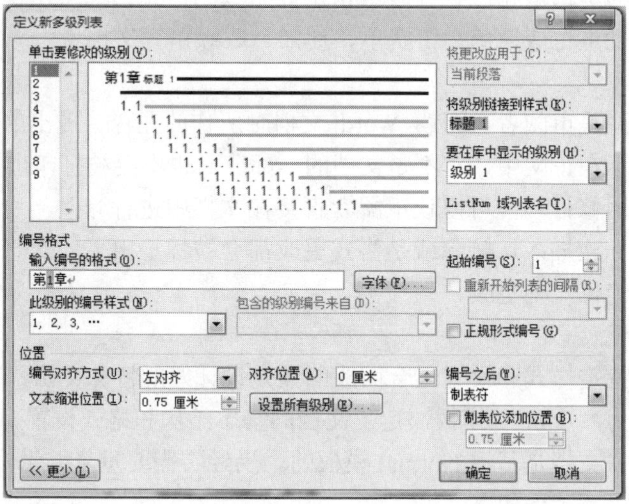

图 1.15 “定义新多级列表”对话框（二）

在“单击要修改的级别”中选择级别 2，确认编号的格式为 1.1，将级别链接到样式标题 2，完成第 2 级别的设置。

最后单击“确定”按钮，退出“定义新多级列表”对话框。此时在“样式”功能组中自动出现了“第 1 章 标题 1”样式按钮。

用鼠标右键单击“第 1 章 标题 1”样式，选择“修改”样式，打开“修改样式”对话框，将对齐方式修改为“居中”，勾选“自动更新”，单击“确定”，完成“第 1 章 标题 1”样式的修改。

单击“样式”功能组右下角的扩展按钮，打开“样式”窗格，单击“选项”，打开“样式窗格选项”窗口，选择要显示的样式为“所有样式”，如图 1.16 所示；然后在“样式”窗格中找到标题 2，修改标题 2 样式的对齐方式为“左对齐”，并勾选“自动更新”，单击“确定”，完成“1.1 标题 2”样式的修改。

将标题 1、标题 2 样式应用到所有的章节标题，删除章节标题中原有的编号，设置效果如图 1.17 所示。

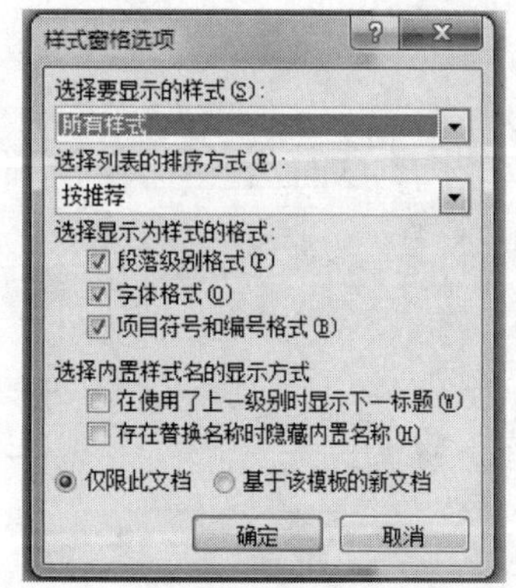

图 1.16 “样式窗格选项”窗口

2）新建样式，样式名为“样式”+ 准考证号后 5 位（例：样式 12345）。其中，字体的设置为：中文字体为“楷体”，西文字体为“Times New Roman”，字号为“小四”；段落的设置为：首行缩进 2 字符，段前 0.5 行，段后 0.5 行，行距 1.5 倍；其余格式，默认设置。

【操作提示】

先单击未应用标题样式的正文文本，使光标保持在正文文本中（如第一个自然段位置），再新建样式。单击“样式”窗格中的“新建样式”按钮，打开“根据格式设置创建新样式”对话框，如图 1.18 所示。

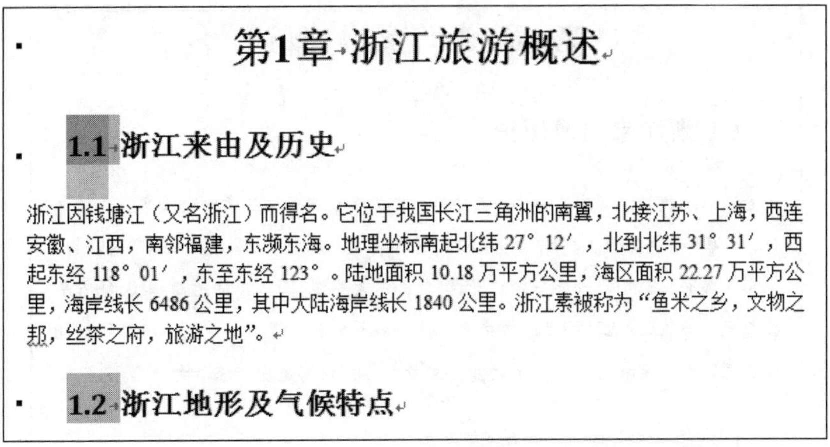

第1章 浙江旅游概述
1.1 浙江来由及历史
浙江因钱塘江（又名浙江）而得名。它位于我国长江三角洲的南翼，北接江苏、上海，西连安徽、江西，南邻福建，东濒东海。地理坐标南起北纬 27° 12′，北到北纬 31° 31′，西起东经 118° 01′，东至东经 123°。陆地面积 10.18 万平方公里，海区面积 22.27 万平方公里，海岸线长 6486 公里，其中大陆海岸线长 1840 公里。浙江素被称为“鱼米之乡，文物之邦，丝茶之府，旅游之地”。
1.2 浙江地形及气候特点

图 1.17　设置的章节格式

根据格式设置创建新样式
属性
名称(N):
样式1
样式类型(T):
段落
样式基准(B):
正文
后续段落样式(S):
样式1
格式
宋体
五号
自动
中文
样式: 快速样式
基于: 正文
添加到快速样式列表(Q)
自动更新(U)
仅限此文档(D)
基于该模板的新文档
格式(O)
确定
取消

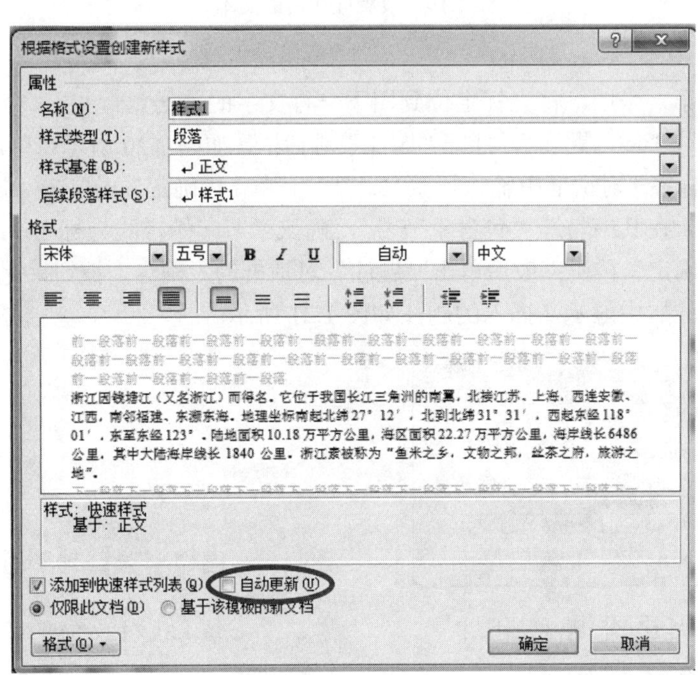

图 1.18　“新建样式”

修改样式名称为“样式 12345”；在中间的“格式”栏中设置中西文字体格式；单击左下角“格式”/“段落”，打开“段落”对话框，按要求设置段落格式。

最后在“根据格式设置创建新样式”对话框中勾选“自动更新”，单击“确定”按钮，关闭该窗口。

设置样式后的文本（第一自然段）如图 1.19 所示。

3）对正文中的图添加题注“图”，位于图下方，居中显示。要求：编号为“章序号”-“图在章中的序号”，例如第 1 章中第 2 幅图，题注编号为 1-2；图的说明使用图下一行的文字，格式同编号；图居中显示。

第1章 浙江旅游概述

1.1 浙江来由及历史

浙江因钱塘江（又名浙江）而得名。它位于我国长江三角洲的南翼，北接江苏、上海，西连安徽、江西，南邻福建，东濒东海。地理坐标南起北纬27° 12′，北到北纬31° 31′，西起东经118° 01′，东至东经123°。陆地面积10.18万平方公里，海区面积22.27万平方公里，海岸线长6486公里，其中大陆海岸线长1840公里。浙江素被称为“鱼米之乡，文物之邦，丝茶之府，旅游之地”。

1.2 浙江地形及气候特点

图 1.19　设置样式后的文本

【操作提示】

在文中找到第一张图，将光标定位到图下一行文字的前面。

单击“引用”/“插入题注”，打开“题注”对话框，如图 1.20 所示；单击“新建标签”，在打开的“新建标签”对话框中输入标签名：“图”，单击“确定”再单击“编号”，打开“题注编号”对话框，在其中勾选“包含章节号”，确认章节起始样式为标题 1，使用分隔符为连字符，单击“确定”按钮；最后单击“题注”对话框的“确定”按钮，完成题注的插入。

设置图和题注居中显示，插入的题注如图 1.21 所示。

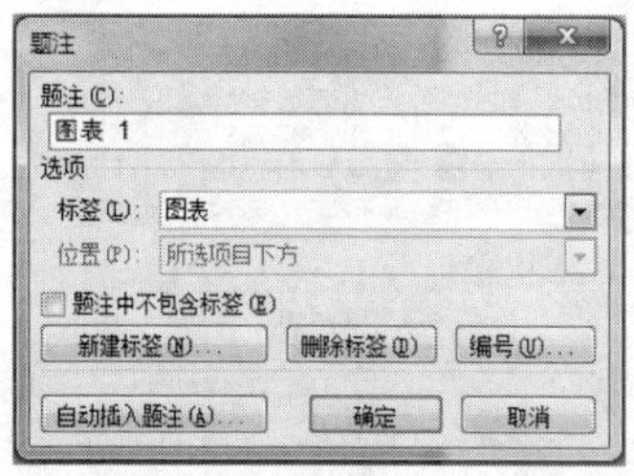

图 1.20 “题注”对话框

图 1–1 浙江地形图

图 1.21　插入的题注

依次为所有的图添加题注。

4）对正文中出现“如下图所示”中的“下图”两字，使用交叉引用，改为“图 X-Y”，其中“X-Y”为图注的编号。

【操作提示】

按顺序选中文中的“下图”两字，单击“引用”/“交叉引用”，打开“交叉引用”对话框，选择“引用类型”为“图”，“引用内容”为“只有标签和编号”，选择要引用的题注，如图 1.22 所示，单击“插入”。

5）对正文中的表添加题注“表”，位于表上方，居中显示。要求：编号为“章序号”-“表在章中的序号”，例如第 1 章中第 1 张表，题注编号为 1-1；表的说明使用表上面一行的文字，格式同编号；表居中显示，表内文字不要求居中。

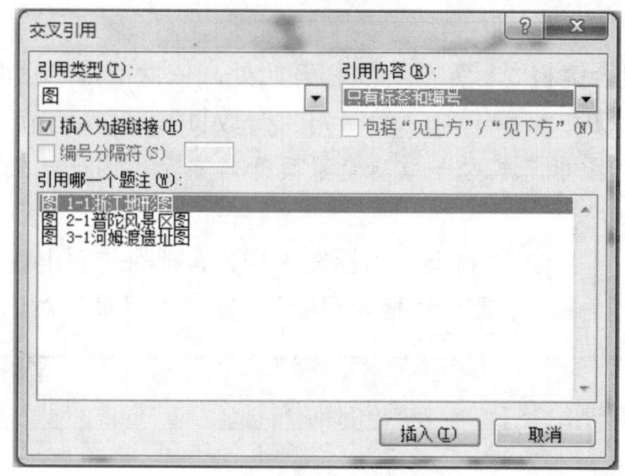

图 1.22　“交叉引用”对话框

【操作提示】

在“题注”对话框中新建标签：“表”，并设置编号格式，为表格添加题注，详细过程请参阅“图”题注的插入。

6）对正文中出现“如下表所示”中的“下表”两字，使用交叉引用，改为“表 X-Y”，其中“X-Y”为表题注的编号。

【操作提示】

请参阅“图”的交叉引用，注意此时的引用类型为“表”。

7）对正文中首次出现“西湖龙井”的地方插入脚注（或尾注），添加文字“西湖龙井茶加工方法独特，有十大手法”。

【操作提示】

单击“视图”选项卡，在显示功能组中勾选“导航窗格”，启用导航窗格查找到文中第 1 次出现的“西湖龙井”，选中文字，单击“引用”/“插入脚注”，输入脚注文字，如图 1.23 所示。

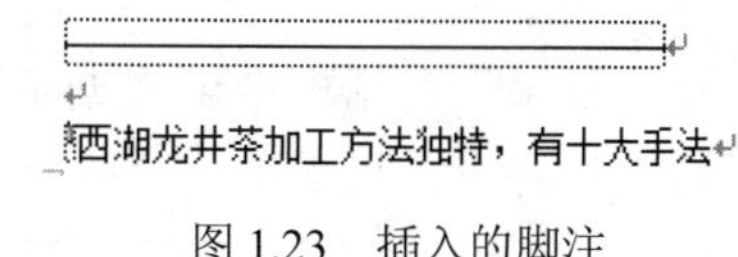

图 1.23　插入的脚注

8）将 2）中的样式应用到正文中无编号的文字，注意：不包括章名、小节名、表文字、表和图的题注、脚注（或尾注）。

【操作提示】

将光标定位在需应用样式的段落文字处，或依次选中需要设置样式的文字，单击“样式 12345”，重复上述操作完成所有内容的设置。

（2）在正文前按序插入 3 节，使用 Word 提供的功能，自动生成如下内容：

1）第 1 节：目录。其中“目录”两字使用样式“标题 1”，并居中显示；“目录”下为目录项。

2）第 2 节：图索引。其中“图索引”使用样式“标题 1”，并居中显示；“图索引”下为图索引项。

3）第 3 节：表索引。其中“表索引”使用样式“标题 1”，并居中显示；“表索引”下为表索引项。

【操作提示】

按 Ctrl+Home 组合键将光标定位在文档开始处，依次单击“页面布局”/“分隔符”/分节符（下一页）、分节符（下一页）、分节符（奇数页），插入三节。

注意：考虑到后续要求正文每一章从奇数页开始显示，因此此处在第 1 章前插入的是奇数页分页符。

在第 1 节输入文字“目录”（自动应用标题 1 样式，删除前面出现的自动编号“第 1 章”三个字。），单击“引用”/“目录”/“插入目录”，打开“目录”对话框，如图 1.24 所示。

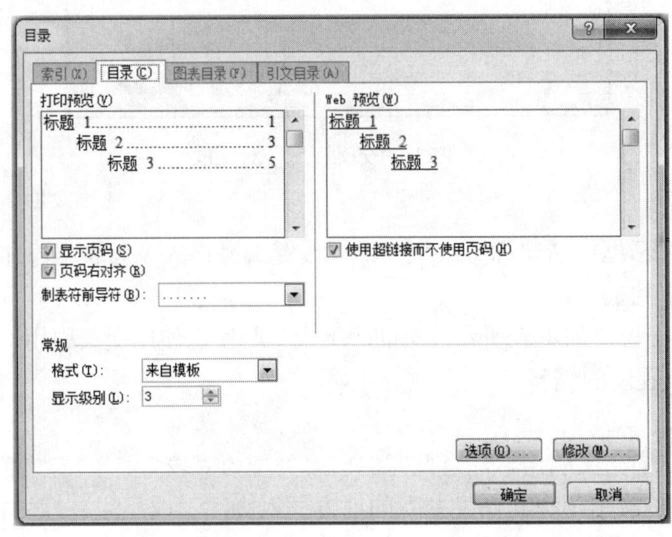

图 1.24 “目录”对话框

在“目录”对话框中可根据实际需要调整目录的显示级别，设置是否显示页码以及页码是否右对齐等，最后单击“确定”，插入的目录如图 1.25 所示。

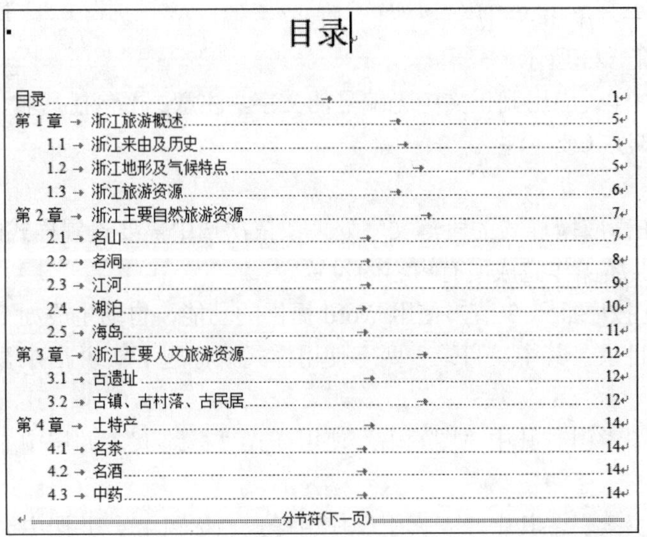

目录

目录......1
第 1 章 → 浙江旅游概述......5
1.1 → 浙江来由及历史......5
1.2 → 浙江地形及气候特点......5
1.3 → 浙江旅游资源......6
第 2 章 → 浙江主要自然旅游资源......7
2.1 → 名山......7
2.2 → 名洞......8
2.3 → 江河......9
2.4 → 湖泊......10
2.5 → 海岛......11
第 3 章 → 浙江主要人文旅游资源......12
3.1 → 古遗址......12
3.2 → 古镇、古村落、古民居......12
第 4 章 → 土特产......14
4.1 → 名茶......14
4.2 → 名酒......14
4.3 → 中药......14
分节符(下一页)

图 1.25 插入的目录

需要指出的是，有时在插入的目录中会发现一些并没有设置成标题样式的内容，如果不希望这些内容在目录中出现，可单击“目录”对话框中的“选项”按钮，进一步打开“目录选项”对话框，对“目录建自”的有关设置作必要的调整，如取消“目录建自”中的“大纲级别”；反之，有些内容并不适合设置成标题样式，但又希望能出现在目录中，这时可对这些内容设置一定的大纲级别（在“段落”对话框中可设置文本的大纲级别），并勾选“目录建自”中的“大纲级别”。

在第 2 节输入文字“图索引”（自动应用标题 1 样式，删除前面的“第 1 章”），单击“引用”/“插入表目录”，打开“图表目录”对话框，如图 1.26 所示。

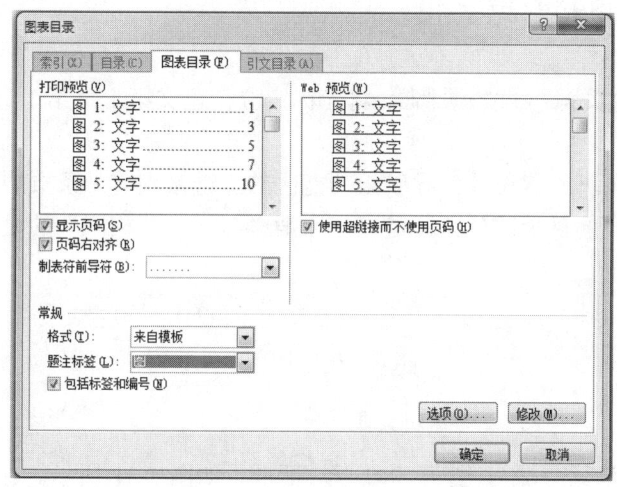

图 1.26 “图表目录”对话框

在“图表目录”对话框中，选择“常规”选项中的题注标签为“图”，单击“确定”，插入的图目录如图 1.27 所示。

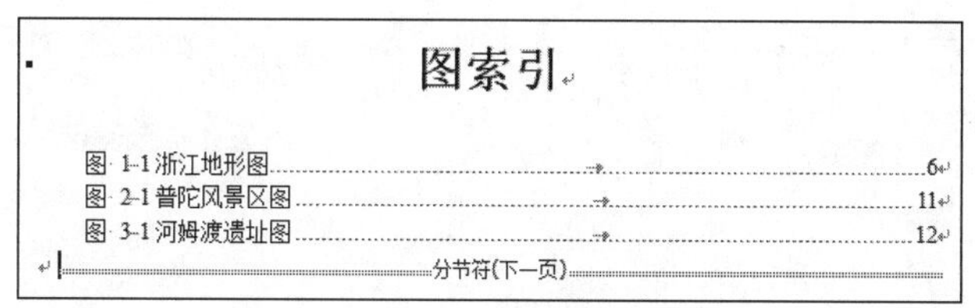
图索引

分节符(下一页)

图 1.27　插入的图目录

在第 3 节输入文字“表索引”（自动应用标题 1 样式，删除前面的“第 1 章”。），单击“引用”/“插入表目录”，选择题注标签为“表”，单击“确定”。插入的表目录如图 1.28 所示。

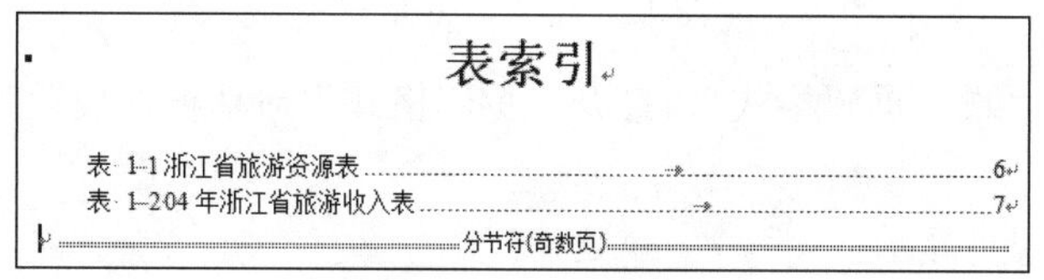
表索引

分节符(奇数页)

图 1.28　插入的表目录

（3）使用适合的分节符，对正文进行分节，正文中每章为单独一节，页码总是从奇数开始。

【操作提示】

将光标定位在第 1 章内容最后，单击“页面布局”/“分隔符”/分节符（奇数页），插入分节符；同样在第 2 章、第 3 章最后插入奇数页分节符。

（4）添加页脚，使用域插入页码，居中显示。要求如下：

1）正文前的节，页码采用“i,ii,iii, …”格式，页码连续。

2）正文中的节，页码采用“1,2,3, …”格式，页码连续。

3）更新目录、图索引和表索引。

【操作提示】

单击“插入”/“页脚”（编辑页脚），将光标定位在正文第 1 章第 1 页页脚处，如图 1.29 所示。

单击“页眉和页脚工具设计”导航组功能区的“链接到前一条页眉”按钮，如图 1.30 所示，使正文与前面的目录部分断开链接，取消“与上一节相同”的设置。

图 1.29　编辑页脚　　　　图 1.30　导航组功能

单击“文档部件”/“域”，打开“域”对话框，如图 1.31 所示。在“域”对话框中选择类别为“编号”、域名为“Page”，选择格式为“1,2,3,…”，单击“确定”。

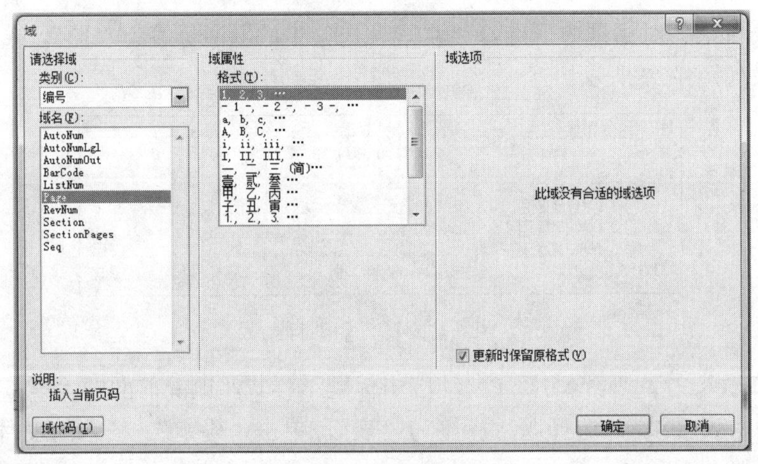

图 1.31 “域”对话框

单击“页码”/“设置页码格式”，打开“页码格式”对话框，设置起始页码为 1，如图 1.32 所示。

最后设置页码居中显示。

将光标定位在第 1 节目录页脚处，插入“i,ii,iii,…”格式的页码域，再在“页码格式”

对话框设置编号格式为“i,ii,iii,…”（第 2 节和第 3 节的页码编号格式也需要分别设置），设置页码居中显示。

鼠标右键单击目录区，选择“更新域”/“更新整个目录”，如图 1.33 所示。

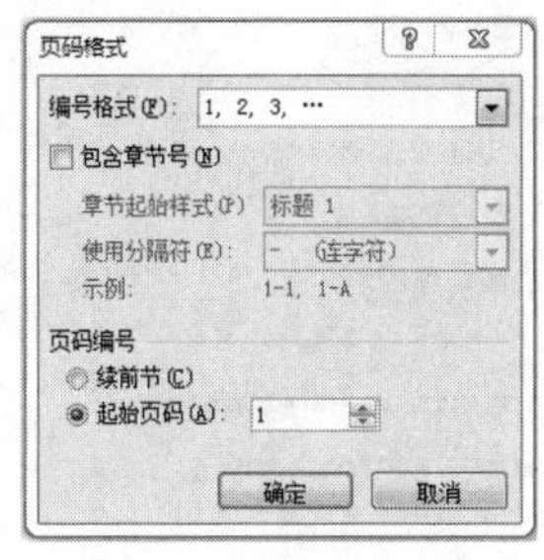

图 1.32 “页码格式”对话框

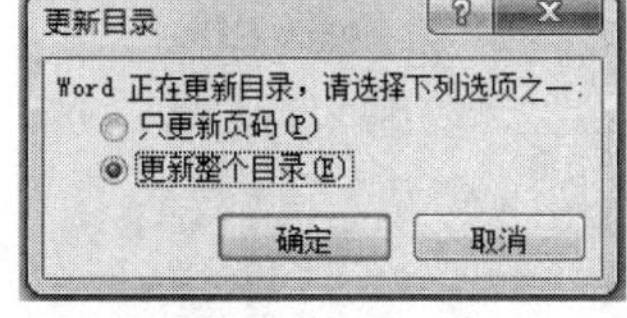

图 1.33 更新目录

更新后的目录如图 1.34 所示，注意观察目录与正文部分页码格式的不同，观察正文每一章是否都是从奇数页开始。用同样的方法更新图索引和表索引。

目录

分节符(下一页)

图 1.34 更新后的目录

（5）添加正文的页眉。使用域，按以下要求添加内容，居中显示。

1）对于奇数页，页眉中的文字为“章序号”+“章名”。

2）对于偶数页，页眉中的文字为“节序号”+“节名”。

【操作提示】

单击“插入”/“页眉”（编辑页眉），在“页眉和页脚工具设计”选项组功能区中勾选“奇偶页不同”。

将光标定位在正文第 1 章第 1 页页眉（奇数页页眉）处，单击“链接到前一条页眉”，与前面的目录部分断开链接。

由于“章”标题设置的是自动编号，所以奇数页页眉在添加时需要做两次，具体过程如下：

单击“文档部件”/“域”，打开“域”对话框，选择“链接和引用”类别中的 StyleRef、样式名为标题 1、勾选“插入段落编号”，如图 1.35 所示；单击“确定”，插入章编号。

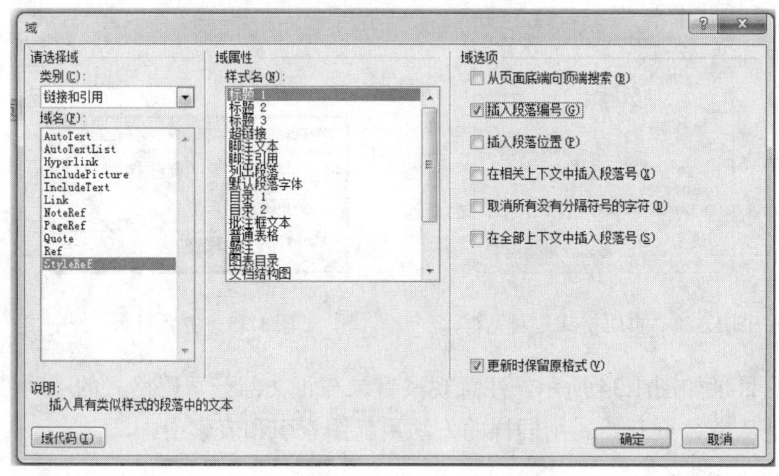

图 1.35 “域”对话框

再次插入域（链接和引用中的 StyleRef、样式名为标题 1，不要勾选“插入段落编号”）；单击“确定”，插入章名内容。

将光标定位在正文第 1 章第 2 页页眉（偶数页页眉）处，单击“链接到前一条页眉”，与前面的目录部分断开链接，由于“节”标题也是自动编号的，所以偶数页页眉在添加时同样需要做两次，即：

第一次：插入域（选择“链接和引用”类别中的 StyleRef，样式名为标题 2，勾选“插入段落编号”），插入节编号。

第二次：插入域（选择“链接和引用”中的 StyleRef，样式名为标题 2，不要勾选“插入段落编号”），插入节名内容。

插入的页眉如图 1.36 和图 1.37 所示。

最后，由于在添加页眉时设置了“奇偶页不同”，还需要补充设置偶数页页脚处的页码和格式。

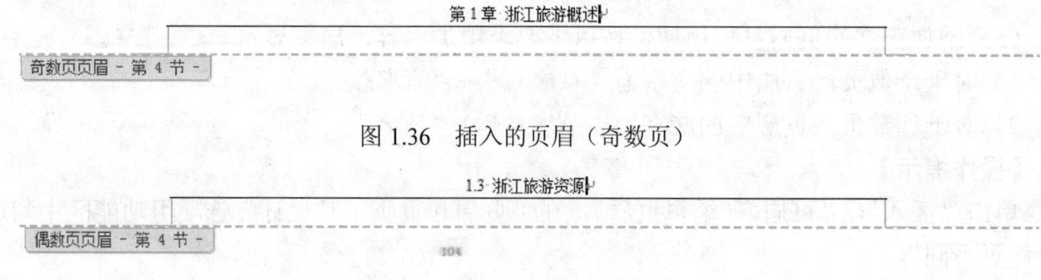

图 1.36 插入的页眉（奇数页）

图 1.37 插入的页眉（偶数页）

再次更新“目录”“图索引”和“表索引”。

保存文件，完成所有设置以后的文档效果如图 1.38～图 1.45 所示。

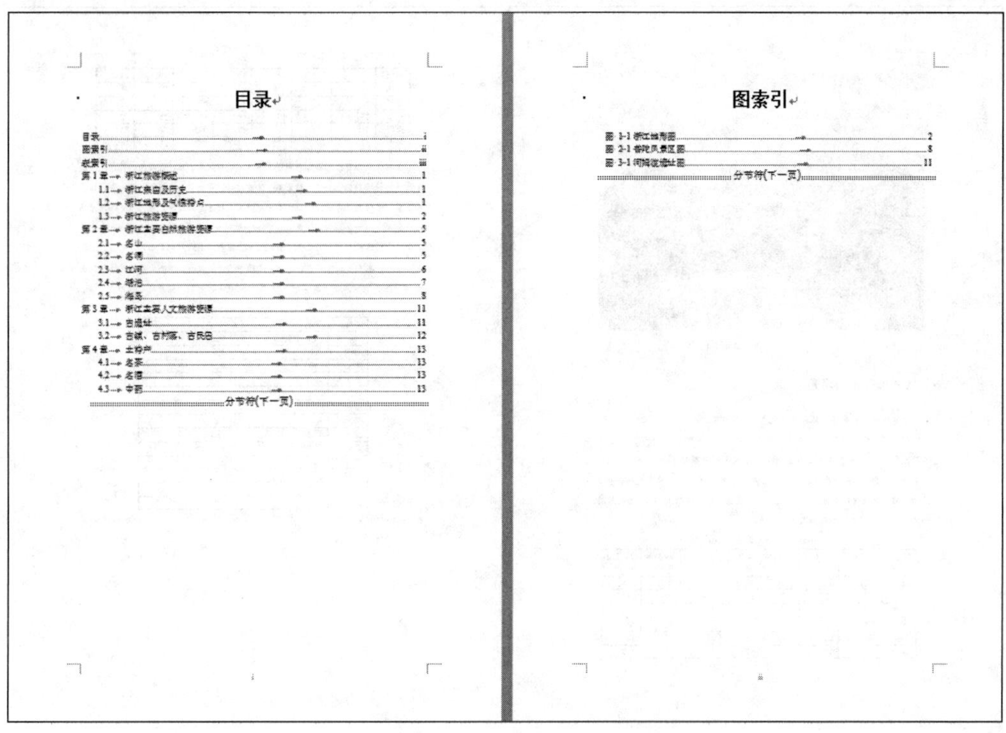

图 1.38　第 i、ii 页（目录和图目录）

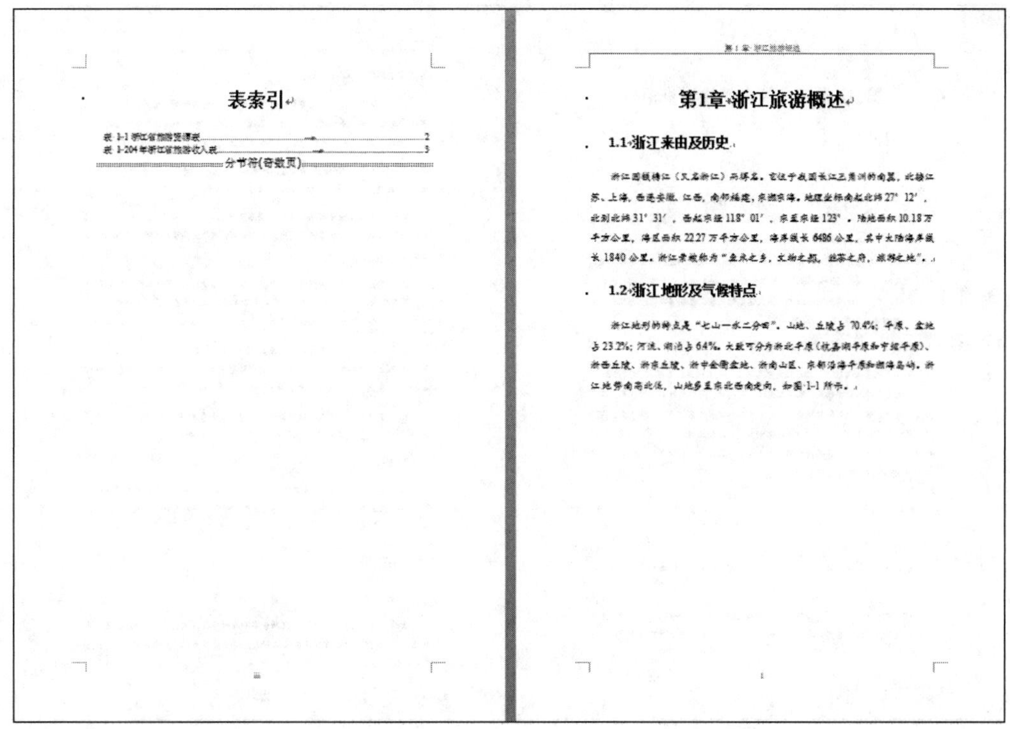

图 1.39　第 iii 页（表目录）和正文第 1 页

1.3 浙江旅游资源

图1-1　浙江地形图

1.3 浙江旅游资源

浙江旅游资源丰富，国家旅游资源分类标准中的八大主类、三十一个亚类，浙江省都有分布。截止 2005 年底，全省共有国家级旅游度假区一处；省级旅游度假区 14 处；国家级风景名胜区 16 处；省级风景名胜区 37 处；国家级自然保护区 8 处；国家级森林公园 26 处；省级森林公园 52 处；全国重点文物保护单位 82 处；省级文物保护单位 279 处；世界地质公园 1 处；4A 级旅游区（点）38 处。浙江省旅游资源单体类型如表 1-1 所示。

表 1-1 浙江省旅游资源表

地区	地文景观	水域风光	生物景观	遗址遗迹	建筑设施	旅游商品	人文活动
全省	4029	1553	1396	1000	10777	1069	1160
杭州	278	152	137	166	1640	204	114
宁波	144	86	137	87	1253	85	105
温州	1081	422	192	95	1356	77	43
嘉兴	52	52	65	119	654	81	124
湖州	146	100	122	89	855	86	115
绍兴	233	114	73	82	955	180	226
金华	361	121	166	49	1156	40	54
衢州	334	127	139	92	667	72	119
舟山	270	38	20	64	495	53	72
台州	501	146	135	60	766	75	85
丽水	629	195	212	9797	982	116	106

2

第 1 章 浙江旅游概述

目前，浙江省已形成以杭州西湖为中心，东、南、西、北四条各具特色的旅游构成的旅游网络。浙东风情之旅，途经绍兴、宁波、舟山等地，是一条文物古迹众多，陆路与海路融为一体的黄金旅游线。浙西名山名水之旅，沿钱塘江上溯至千岛湖，是一条融江、湖、山、洞为一体的神奇旅游线。浙南奇山奇水之旅，经金华、丽水至温州。浙北运河古踪之旅，经嘉兴或湖州而至江苏。此外，还有钱江观潮、农家乐、书法旅游、古文化旅游、留乡风情、端午龙舟节等许多特色旅游项目。全省及国内旅游收入情况，以 2004 年为例，如表 1-2 所示。

表 1-204 年浙江省旅游收入表

城市	国内	
	收入（亿元）	比率（%）
全省	695.3	100.0
杭州	290	41.7
宁波	155.8	22.4
温州	66.6	9.6
嘉兴	60	8.6
湖州	40.2	5.8
绍兴	77.1	11.1
金华	59.9	8.6
衢州	16.5	2.4
舟山	33.5	4.8
台州	83.5	12.0
丽水	10.2	1.5

分节符(奇数页)

3

图 1.40　正文第 2、3 页

第 2 章 浙江主要自然旅游资源

第2章 浙江主要自然旅游资源

2.1 名山

1. 西湖群山

杭州地形的特点是兼有山岭、平原、溪泉洞石、江河湖海。西湖群山，起自天竺，终于天目，内岭外峰，大致构成马蹄形的三个骨架。外围以岩屑砂岩、石英砂岩为主，海拔 300~400 米，如虎跑山、天马山、五云山、天竺山、北高峰、老和山等，其中天竺山最高，海拔 412 米。中圈以石灰岩为主，如玉皇山、南高峰、飞来峰等，海拔 200~300 米。因石灰岩中的碳酸钙易被含有二氧化碳的水溶蚀，形成岩溶，为洞穴旅游提供了得天独厚的条件。内圈海拔 50~100 米，也以石灰岩为主，如紫阳山、南屏山等。

2. 孤山

孤山是栖霞岭的余脉，因孤处湖中而得名，又名梅屿。海拔 38 米，面积 20 公顷，既是自然风景佳绝处，又是历史文化荟萃地，是杭州雅文化的代表。南宋时建有西太乙宫，清康熙年间建行宫，清雍正年间改为圣因寺，后毁于火。1927 年为纪念孙中山建有中山公园和中山纪念林等。此外还有西泠印社、文澜阁、楼外楼、浙江省博物馆、西湖美术馆、平湖秋月、放鹤亭、敬一书院、秋瑾墓、中国印学博物馆等 30 余处景观。

2.2 名洞

1. 杭州七大古洞

紫云洞、黄龙洞、石屋洞、水乐洞、烟霞洞、瑞云洞、紫来洞是杭州七大古洞。

1) 紫云洞，位于栖霞岭顶部，属崩塌岩洞。洞体由倾斜 50 度角的巨石和地面斜交而成，宏如巨厦。洞长约百米。洞内有七宝泉，洞口原有佛寺，现已改

5

2.3 江河

建为茶室。

2) 黄龙洞，位于栖霞岭北妇孺坞，唐代为刘侍黄氏园，南宋为佛寺，1922 年改为道观，解放后成为庭院式的山间园林，1985 年被评为西湖新十景之一，叫“黄龙吐翠”，并辟为仿古园，1994 年改建成黄龙洞圆缘民俗园。

3) 石屋洞，位于南高峰南麓，轩敞如屋。五代时建有大仁寺，建国后是赏桂花为主的典雅庭院，有桂花厅、五百罗汉雕像等。

4) 水乐洞，位于南高峰南麓，距石屋洞 500 余米，廊道式洞长 67 米。洞底有一股泉水，从洞口石隙中涌出，淙淙清洌，有“天然琴声”、“听无弦琴”等题刻。

5) 烟霞洞，位于南高峰半山腰，廊道式洞长 30 米，有较大的石刻造像 38 尊，洞口有雕造于宋初的观音、大势至菩萨立像，造型精美，具有极高的历史价值与艺术价值。洞内还有雕造于五代的十六罗汉像，造型生动自然，各具特色。

6) 紫来洞，位于玉皇山腰，总长 70 余米，属溶蚀——崩塌过渡型溶洞。洞中水池上方有鞣口，直铁缸七口，缸壁铸有道教符箓，称“七缸列宿”，相传以此镇压离龙，消弭杭城火灾。旁有七星亭，可俯瞰山下“八卦田”。

7) 瑞云洞，在玉皇山腰瑞云岭上，为构造断裂破碎带，长约 30 米。周围有瑞云宫旧址，假山怪石，亭阁盘旋，是登玉皇山的途中休息之处。

2. 灵山洞

位于杭州西南约 19 公里的周浦乡灵山村，面积万余平方米，共有灵山洞、风水洞、泉水洞、仙桥洞、仙人洞等 20 多个洞穴，分部集中，互相通达，高敞奇险，令人遐想，称“灵山幻境”。

2.3 江河

1. 钱塘江

古称浙江、之江、罗刹江，主源于安徽省休宁县六股尖，全长 605 公里，流域面积 4.88 万平方公里。源头称冯村河；安徽歙县浦口以上称率水、浙江；浦

6

图 1.41　正文第 5、6 页（正文第 4 页为空白页）

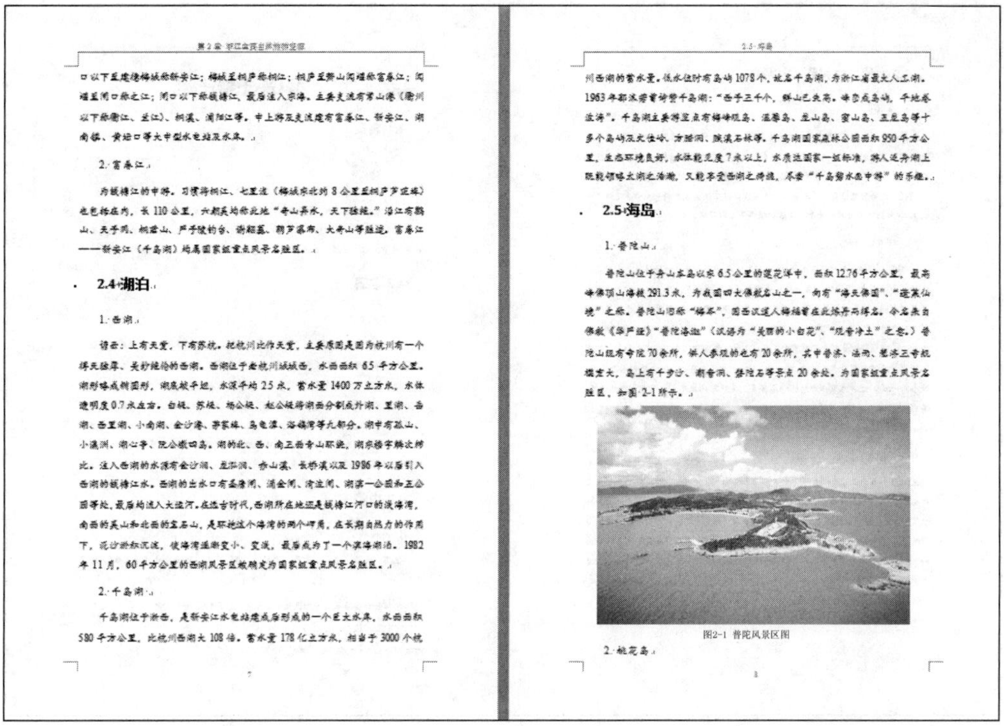

第 2 章 浙江主要自然旅游资源

口以下至建德梅城称新安江；梅城至桐庐称桐江；桐庐至萧山闻堰称富春江；闻堰至闸口称之江；闸口以下称钱塘江，最后注入东海。主要支流有常山港（衢州以下称衢江、兰江）、桐溪、浦阳江等。中上游及支流建有富春江、新安江、湖南镇、黄坛口等大中型水电站及水库。

2. 富春江

为钱塘江的中游。习惯将桐江、七里泷（梅城东北约 8 公里至桐庐芦茨埠）也包括在内，长 110 公里，六朝吴均称此地"奇山异水，天下独绝。"沿江有鹳山、天子冈、桐君山、严子陵钓台、谢翱墓、葫芦瀑布、大奇山等胜迹。富春江——新安江（千岛湖）均属国家级重点风景名胜区。

2.4 湖泊

1. 西湖

语云：上有天堂，下有苏杭。把杭州比作天堂，主要原因是因为杭州有一个得天独厚、美妙绝伦的西湖。西湖位于老杭州城城西，水面面积 6.5 平方公里。湖形略成椭圆形，湖底较平坦，水深平均 2.5 米，蓄水量 1400 万立方米，水体透明度 0.7 米左右。白堤、苏堤、杨公堤、赵公堤将湖面分割成外湖、里湖、岳湖、西里湖、小南湖、金沙港、茅家埠、乌龟潭、浴鹄湾等九部分。湖中有孤山、小瀛洲、湖心亭、阮公墩四岛。湖的北、西、南三面青山环绕，湖东繁华市镇依此。注入西湖的水源有金沙涧、龙泓涧、赤山溪、长桥溪以及 1986 年以后引入西湖的钱塘江水。西湖的出水口有圣塘闸、涌金闸、清波闸、湖滨一公园和五公园等处，最后均流入大运河。在远古时代，西湖所在地还是钱塘江河口的浅海湾，南面的吴山和北面的宝石山，是环抱这个海湾的两个岬角，在长期自然力的作用下，泥沙淤积沉淀，使海湾逐渐变小、变浅，最后成为了一个泻湖湖泊。1982 年 11 月，60 平方公里的西湖风景区被确定为国家级重点风景名胜区。

2. 千岛湖

千岛湖位于浙西，是新安江水电站建成后形成的一个巨大水库，水面面积 580 平方公里，比杭州西湖大 108 倍。蓄水量 178 亿立方米，相当于 3000 个杭

7

2.5 海岛

州西湖的蓄水量。低水位时有岛屿 1078 个，故名千岛湖，为浙江省最大人工湖。1963 年郭沫若曾诗赞千岛湖："西子三千个，群山已失高。峰峦成岛屿，平地卷波涛"。千岛湖主要游览点有梅峰观岛、温馨岛、龙山岛、蜜山岛、五龙岛等十多个岛屿及文佳岭、方腊洞、胺溪石林等。千岛湖国家森林公园面积 950 平方公里，生态环境良好，水体能见度 7 米以上，水质达国家一级标准，游人泛舟湖上既能领略太湖之浩瀚，又能享受西湖之婀娜，尽享"千岛碧水画中游"的乐趣。

2.5 海岛

1. 普陀山

普陀山位于舟山本岛以东 6.5 公里的莲花洋中，面积 12.76 平方公里，最高峰佛顶山海拔 291.3 米，为我国四大佛教名山之一，向有"海天佛国"、"蓬莱仙境"之称。普陀山旧称"梅岑"，因西汉道人梅福曾在此炼丹而得名。今名来自佛教《华严经》"普陀洛迦"（汉语为"美丽的小白花"、"观音净土"之意。）普陀山现有寺院 70 余所，供人参观的也有 20 余所，其中普济、法雨、慧济三寺规模宏大，岛上有千步沙、潮音洞、磐陀石等景点 20 余处，为国家级重点风景名胜区，如图 2-1 所示。

图2-1 普陀风景区图

2. 桃花岛

8

图 1.42　正文第 7、8 页

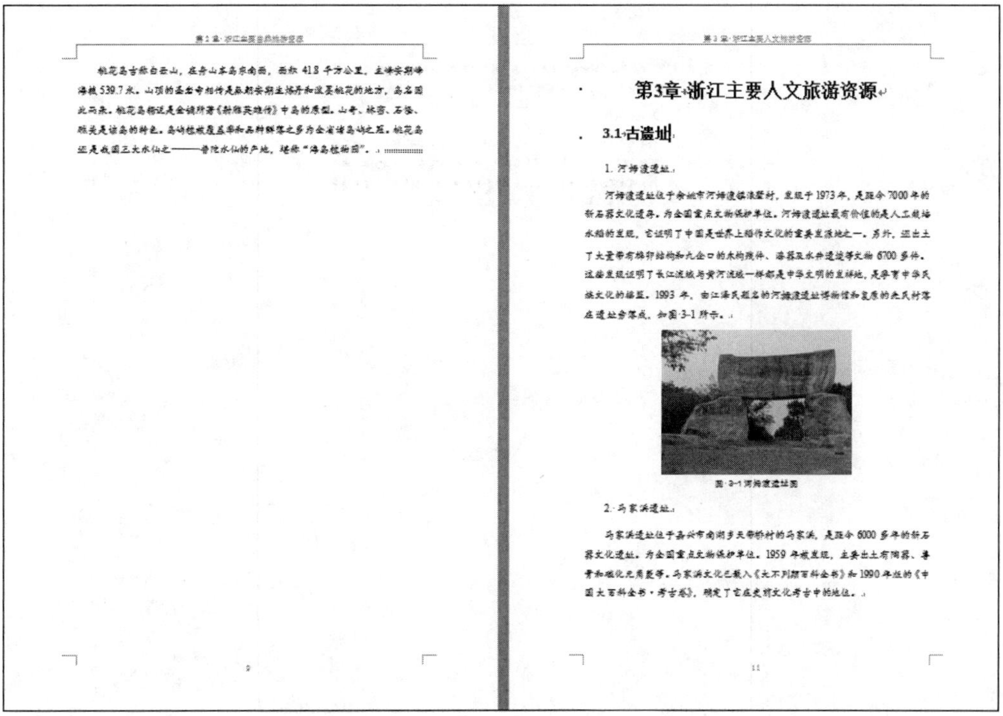

第 2 章 浙江主要自然旅游资源

桃花岛古称白云山，在舟山本岛东南面，面积 41.8 平方公里，主峰安期峰海拔 539.7 米。山顶的圣岩寺相传是秦朝安期生炼丹和泼墨桃花的地方，岛名因此而来。桃花岛据说是金庸所著《射雕英雄传》中岛的原型。山奇、林密、石怪、礁美是该岛的特色。岛屿植被覆盖率和品种群落之多为全省诸岛屿之冠。桃花岛还是我国三大水仙之一——普陀水仙的产地，堪称"海岛植物园"。

9

第 3 章 浙江主要人文旅游资源

第3章 浙江主要人文旅游资源

3.1 古遗址

1. 河姆渡遗址

河姆渡遗址位于余姚市河姆渡镇浪墅村，发现于 1973 年，是距今 7000 年的新石器文化遗存，为全国重点文物保护单位。河姆渡遗址最有价值的是人工栽培水稻的发现，它证明了中国是世界上稻作文化的重要发源地之一。另外，还出土了大量带有榫卯结构和企口的木构残件、漆器及水井遗迹等文物 6700 多件。这些发现证明了长江流域与黄河流域一样都是中华文明的发祥地，是孕育中华民族文化的摇篮。1993 年，由江泽民题名的河姆渡遗址博物馆和复原的先民村落在遗址旁落成，如图 3-1 所示。

图 3-1 河姆渡遗址图

2. 马家浜遗址

马家浜遗址位于嘉兴市南湖乡天带桥村的马家浜，是距今 6000 多年的新石器文化遗址，为全国重点文物保护单位。1959 年被发现，主要出土有陶器、兽骨和碳化元角菱等。马家浜文化已载入《大不列颠百科全书》和 1990 年出的《中国大百科全书·考古卷》，确定了它在史前文化考古中的地位。

11

图 1.43　正文第 9、11 页（正文第 10 页为空白页）

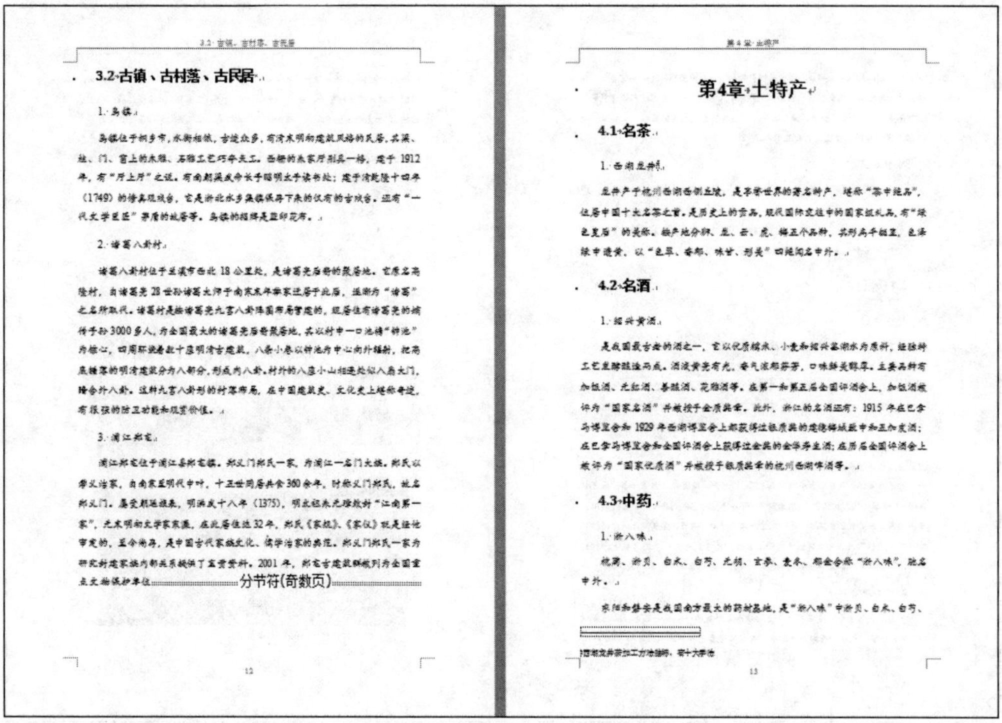

3.2 古镇、古村落、古民居

3.2 古镇、古村落、古民居

1. 乌镇

乌镇位于桐乡市，水街相依，古迹众多，有清末明初建筑风格的民居，其梁、柱、门、窗上的木雕、石雕工艺巧夺天工。西栅的朱家厅别具一格，建于1912年，有"厅上厅"之说。有南朝梁武帝长子昭明太子读书处；建于清乾隆十四年（1749）的修真观戏台，它是浙北水乡集镇保存下来的仅有的古戏台。还有"一代文学巨匠"茅盾的故居等。乌镇的祖辈是蓝印花布。

2. 诸葛八卦村

诸葛八卦村位于兰溪市西北18公里处，是诸葛亮后裔的聚居地。它原名高隆村，自诸葛亮28世孙诸葛大狮于南宋末年举家迁居于此后，逐渐为"诸葛"之名所取代。诸葛村是按诸葛亮九宫八卦阵图布局营建的，现居住有诸葛亮的嫡传子孙3000多人，为全国最大的诸葛亮后裔聚居地。其以村中一口池塘"钟池"为核心，四周环绕着数十座明清古建筑，八条小巷以钟池为中心向外辐射，把高低错落的明清建筑分为八部分，形成内八卦。村外的八座小山相连处似八扇大门，暗合外八卦。这种九宫八卦形的村落布局，在中国建筑史、文化史上堪称奇迹，有很强的防卫功能和观赏价值。

3. 浦江郑宅

浦江郑宅位于浦江县郑宅镇。郑义门郑氏一家，为浦江一名门大族。郑氏以孝义治家，自南宋至明代中叶，十五世同居共食360余年，时称义门郑氏，故名郑义门。屡受朝廷旌表，明洪武十八年（1375），明太祖朱元璋敕封"江南第一家"。元末明初文学家宋濂，在此居住达32年，郑氏《家规》、《家仪》就是经他审定的，至今尚存，是中国古代家族文化、儒学治家的典范。郑义门郑氏一家为研究封建家族内部关系提供了宝贵资料。2001年，郑宅古建筑群被列为全国重点文物保护单位 分节符(奇数页)

12

第4章 土特产

第4章 土特产

4.1 名茶

1. 西湖龙井

龙井产于杭州西湖西侧丘陵，是享誉世界的著名特产，堪称"茶中绝品"，位居中国十大名茶之首，是历史上的贡品，现代国际交往中的国家级礼品，有"绿色皇后"的美称。按产地分狮、龙、云、虎、梅五个品种，其形扁平挺直，色泽绿中透黄，以"色翠、香郁、味甘、形美"四绝闻名中外。

4.2 名酒

1. 绍兴黄酒

是我国最古老的酒之一，它以优质糯米、小麦和绍兴鉴湖水为原料，经独特工艺发酵酿造而成。酒液黄亮有光，香气浓郁芬芳，口味鲜美醇厚。主要品种有加饭酒、元红酒、善酿酒、花雕酒等。在第一和第五届全国评酒会上，加饭酒被评为"国家名酒"并被授予金质奖章。此外，浙江的名酒还有：1915年在巴拿马博览会和1929年西湖博览会上都获得过银质奖的建德梅城严东关五加皮酒；在巴拿马博览会和全国评酒会上获得过金奖的金华寿生酒；在历届全国评酒会上被评为"国家优质酒"并被授予银质奖章的杭州西湖啤酒等。

4.3 中药

1. 浙八味

杭菊、浙贝、白术、白芍、元胡、玄参、麦冬、郁金合称"浙八味"，驰名中外。

东阳和磐安是我国南方最大的药材基地，是"浙八味"中浙贝、白术、白芍、

西湖龙井茶加工方法独特，有十大手法

13

图1.44　正文第12、13页

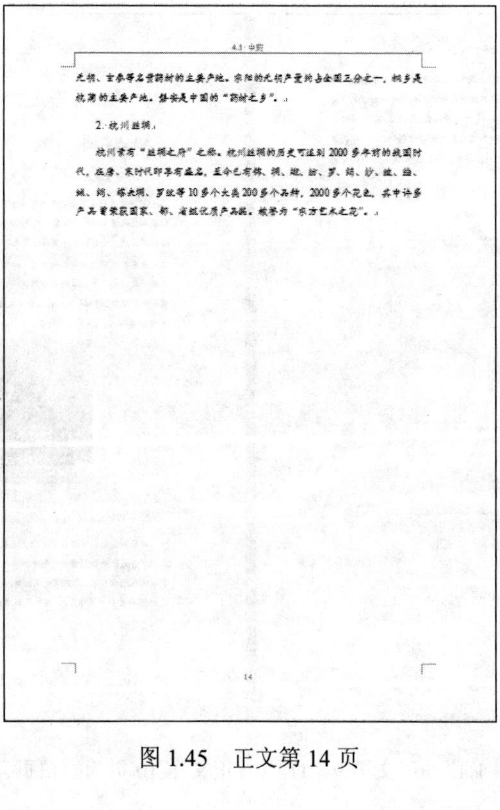

4.3 中药

元胡、玄参等名贵药材的主要产地。东阳的元胡产量约占全国三分之一，桐乡是杭菊的主要产地。磐安是中国的"药材之乡"。

2. 杭州丝绸

杭州素有"丝绸之府"之称。杭州丝绸的历史可追到2000多年前的战国时代，在唐、宋时代即享有盛名，至今已有绫、绸、缎、绉、罗、绢、纱、绒、绨、绡、锦、塔夫绸、罗纹等10多个大类200多个品种，2000多个花色，其中许多产品曾荣获国家、部、省级优质产品奖，被誉为"东方艺术之花"。

14

图1.45　正文第14页

1.3 Word 单项操作

1. 分节、页面设置、页眉和页脚

【案例 1.2】 建立文档“考试信息”，由 3 页组成。其中：

第一页中第一行内容为“语文”，样式为“标题 1”；页面垂直对齐方式为“居中”；页面方向为纵向，纸张大小为 16 开；页眉内容设置为“90”，居中显示；页脚内容设置为“优秀”，居中显示。

第二页中第一行内容为“数学”，样式为“标题 2”；页面垂直对齐方式为“顶端对齐”；页面方向为横向，纸张大小为 A4；页眉内容设置为“65”，居中显示；页脚内容设置为“及格”，居中显示；对该页面添加行号，起始编号为“1”。

第三页中第一行内容为“英语”，样式为“正文”；页面垂直对齐方式为“底端对齐”；页面方向为纵向，纸张大小为 B5；页眉内容设置为“58”，居中显示；页脚内容设置为“不及格”，居中显示。

【操作提示】

（1）输入第一页第一行内容“语文”，设置样式为“标题 1”，插入分节符：下一页，如图 1.46 所示。

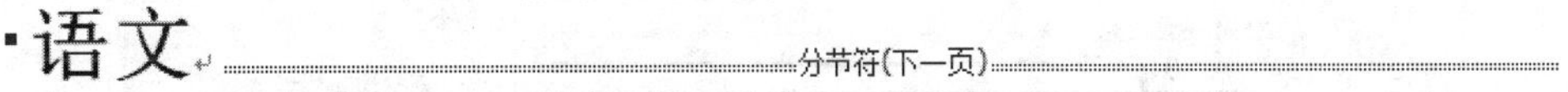

·语文 ……………………分节符(下一页)……………………

图 1.46 第一页

打开“页面设置”对话框，设置页面垂直对齐方式为“居中”，页面方向（纸张方向）为纵向、纸张大小为 16 开。

编辑页眉页脚，设置页眉内容为“90”，居中显示；设置页脚内容为“优秀”，居中显示。

（2）输入第二页第一行内容，设置样式，插入分节符：下一页；完成页面设置（应用于本节）；编辑页眉页脚，注意先取消到前一条页眉（脚）的链接，完成页眉页脚内容的设置。

（3）输入第三页第一行内容，设置样式；完成页面设置（应用于本节）；编辑页眉页脚，同样注意先取消到前一条页眉（脚）的链接，完成页眉页脚内容的设置。

提示：鼠标双击页眉页脚区/页面区可以快速在两者之间切换，便于编辑页眉页脚或正文内容。

2. 自动编号、样式、目录、审阅（批注、修订）

【案例 1.3】 建立文档“city”，共有两页组成。要求如下：

第一页内容如下：

浙江

第一节 杭州和宁波

福建

第一节 福州和厦门

广东

广州和深圳

要求：章和节的序号为自动编号（多级列表），分别使用样式“标题 1”和“标题 2”。

新建样式“福建”，使其与样式“标题 1”在文字格式外观上完全一致，但不会自动添加到目录中，并应用于“第二章 福建”，在文档的第二页中自动生成目录（注意：不修改目录对话框的缺省设置）。

对“宁波”添加一条批注，内容为“海港城市”；对“广州和深圳”添加一条修订，删除“和深圳”。

【操作提示】

（1）按要求录入第一页内容，其中编号可以不用录入。

（2）设置章节自动编号（多级列表）并应用，在设置第 2 级编号时勾选“重新开始列表的间隔”并选择“级别 1”，如图 1.47 所示。

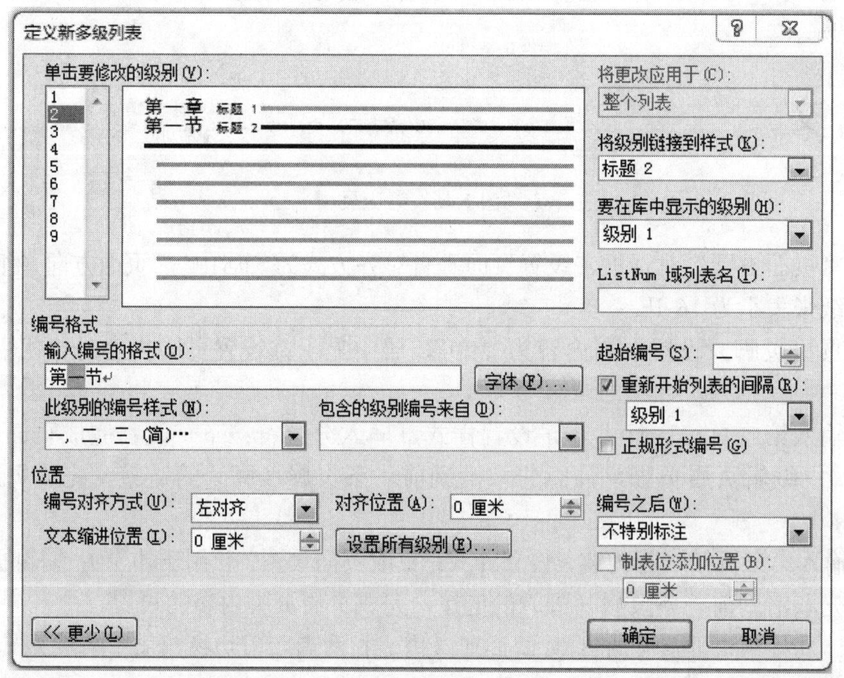

图 1.47 设置第 2 级编号

（3）将所有的章节使用样式“标题 1”和“标题 2”。

（4）先将光标定位在“第二章 福建”处，新建“福建”样式，在“格式”/“段落”窗口设置常规选项中的大纲级别为“正文文本”，如图 1.48 所示。

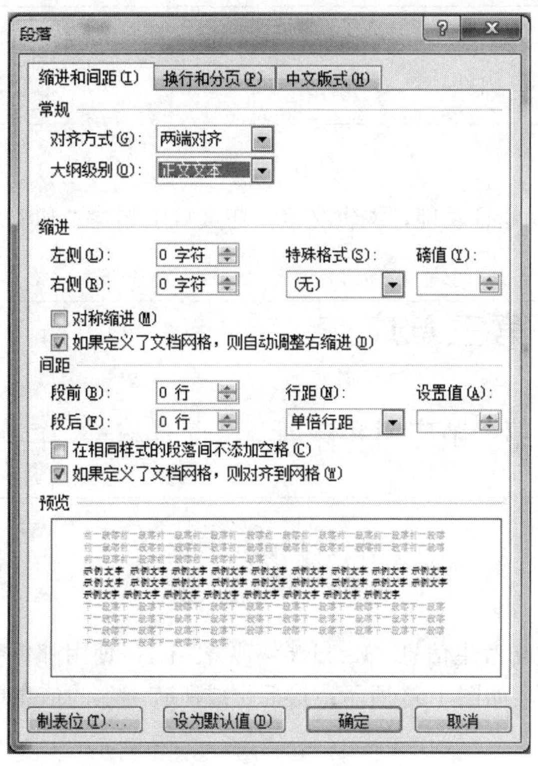

图 1.48 “段落”窗口

（5）在第一页后面插入分页符，在第二页插入目录，如图 1.49 所示。

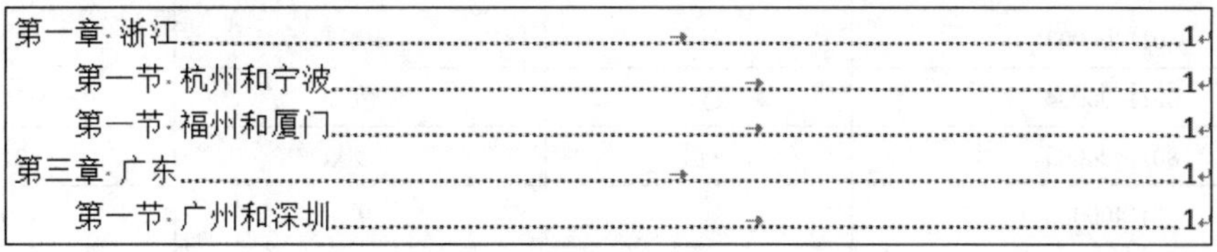

第一章 浙江……1
第一节 杭州和宁波……1
第一节 福州和厦门……1
第三章 广东……1
第一节 广州和深圳……1

图 1.49 插入的目录

（6）单击“审阅”选项卡，显示相应的功能组，其中包括“批注”和“修订”，如图 1.50 所示。

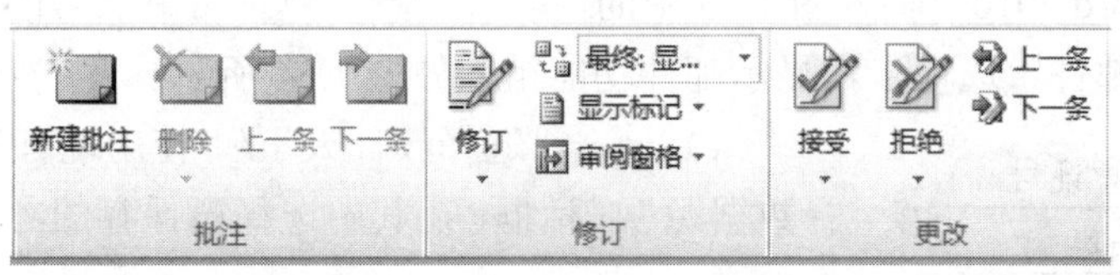

图 1.50 “批注”和“修订”功能组

选择“宁波”两字，单击“新建批注”，在出现的批注框内输入批注文字，如图 1.51 所示。

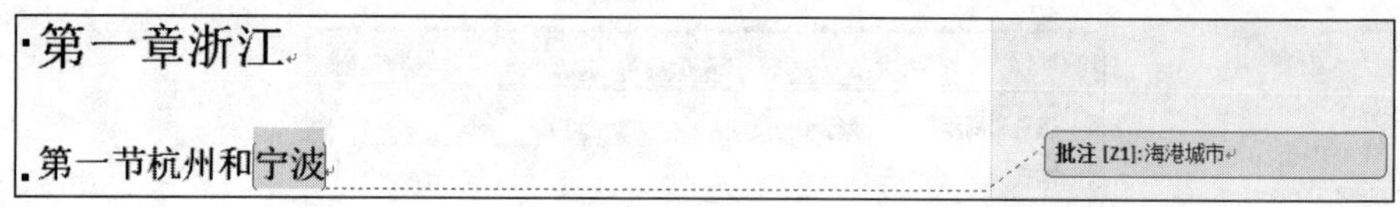

图 1.51　批注

单击“修订”，启动修订功能，编辑文字，在文章中删除“和深圳”三个字，如图 1.52 所示。

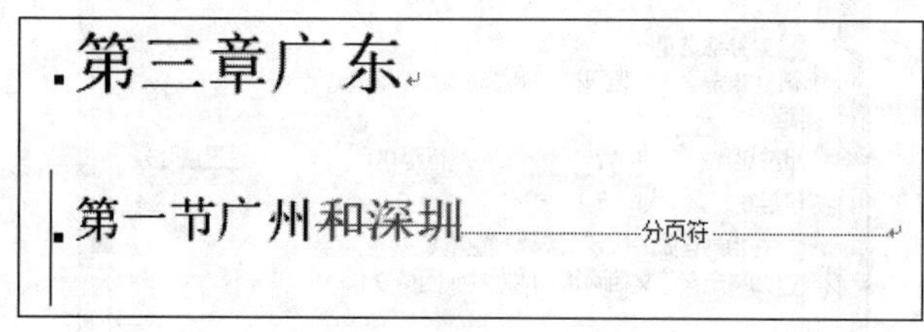

图 1.52 “修订”功能

3. 邮件合并

【案例 **1.4**】首先建立考生信息“Ks.xlsx”，见表 1.1；使用邮件合并功能，建立成绩单范本文件“Ks_T.docx”，如图 1.53 所示；最后生成所有考生的信息单“Ks.docx”。

表 1.1　　　　考 生 信 息

准考证号	姓名	性别	年龄
8011400001	张三	男	22
8011400002	李四	女	18
8011400003	王五	男	21
8011400004	赵六	女	20
8011400005	刘七	女	21
8011400006	陈一	男	19

【操作提示】

（1）启动 Excel 2010，录入考生信息，见表 1.1，保存为“Ks.xlsx”文件，关闭 Excel 窗口。

（2）启动 Word 2010，输入图 1.53 中的内容，注意不包括带书名号的内容。

（3）单击“邮件”选项卡，显示邮件功能组，如图 1.54 所示。

准考证号：«准考证号»

姓名	«姓名»
性别	«性别»
年龄	«年龄»

图 1.53　Ks_T

（4）单击“选择收件人”/“使用现有列表”，打开“选择数据源”对话框，在其中选择已保存的考生信息“Ks.xlsx”文件。

（5）将光标分别定位在“准考证号：”后面以及姓名、性别、年龄栏的第二列处，依次“插入合并域”，得到范本文件，保存为成绩单范本文件“Ks_T.docx”。

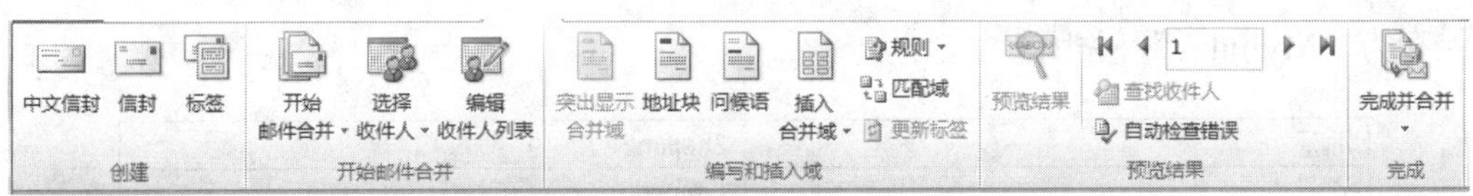

图 1.54 “邮件”功能区

（6）单击“完成并合并”，选择编辑单个文档、合并到新文档（全部），合并后的文档共有 6 页（本例中共计 6 位考生），如图 1.55 所示为其中一页；保存该文档为“Ks.docx”，关闭 Word 窗口。

准考证号：8011400001

姓名	张三
性别	男
年龄	22

分节符(下一页)

图 1.55 合并生成的新文档（其中一页）

4. 分页、自动索引

【案例 1.5】建立文档“Example”，由 6 页组成。要求如下：

第一页中第一行内容为“浙江”，样式为“正文”。

第二页中第一行内容为“江苏”，样式为“正文”。

第三页中第一行内容为“浙江”，样式为“正文”。

第四页中第一行内容为“江苏”，样式为“正文”。

第五页中第一行内容为“上海”，样式为“标题 1”。

第六页为空白。

在文档页脚处插入页码，页码格式为“X/Y”，X 为当前页数，Y 为总页数，居中显示。

使用自动索引方式，建立索引自动标记文件“MyIndex.docx”，其中：标记为索引项的文字 1 为“浙江”，主索引项 1 为“Zhejiang”；标记为索引项的文字 2 为“江苏”，主索引项 2 为“Jiangsu”。使用自动标记文件，在文档“Example”第六页中创建索引。

【操作提示】

（1）在第一页第一行输入“浙江”，设置样式为“正文”，单击“页面布局”/“分隔符”/“分页符”，或按 Ctrl + Enter 组合键，插入分页符，如图 1.56 所示。

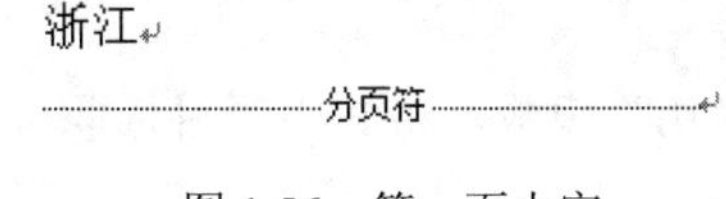

图 1.56 第一页内容

用同样的方法设置第二至五页的内容。

（2）设置页码。单击“插入”/“页码”/“页面底端（页脚位置）” /“加粗显示的数字 2”，自动在页脚位置插入“X/Y”格式的页码。

（3）新建空白 Word 文档，创建索引自动标记文件 MyIndex，索引自动标记文件是一个两列的表格，第一列是标记为索引项的文字，第二列为主索引项，如图 1.57 所示；将该文件保存为“MyIndex”，关闭。

浙江	Zhejiang
江苏	Jiangsu

图 1.57　索引自动标记文件

（4）将光标定位于文档“Example”第六页空白页，单击“引用”/“插入索引”，打开“索引”对话框，如图 1.58 所示。

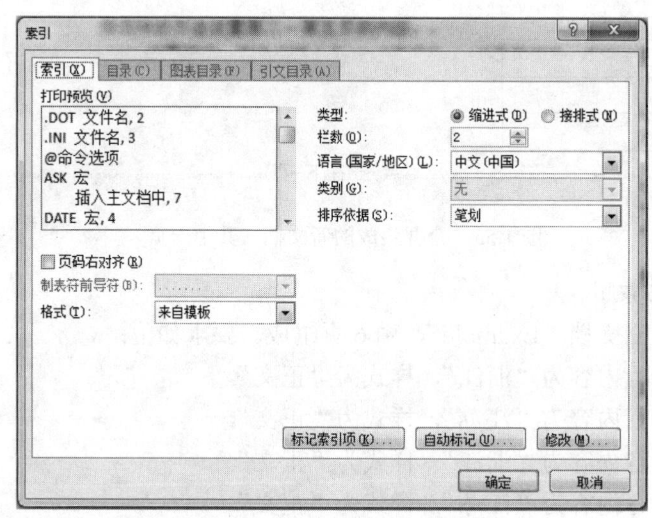

图 1.58　“索引”对话框

在打开的“索引”对话框中单击“自动标记”，选择已创建的索引自动标记文件 MyIndex；再次选择“引用”/“插入索引”，这次直接单击“确定”（前一次已经标记了索引项），在文档“Example”第六页中创建的索引，如图 1.59 所示。

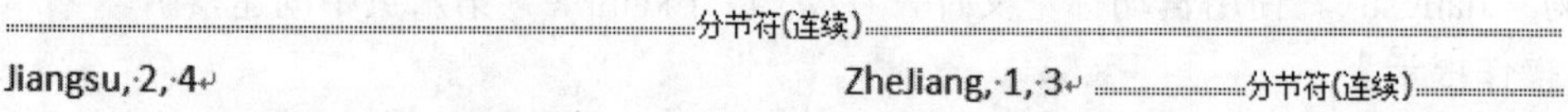

分节符(连续)

Jiangsu, 2, 4　　　　ZheJiang, 1, 3　分节符(连续)

图 1.59　创建的索引

5. 模板

【案例 1.6】 修改“黑领结简历”模板，将其中“目标职位”修改为“求职意向”，默认保存为“求职简历”模板。

根据“求职简历”模板，在考生文件夹 DWord 子文件夹下，建立文档“我的简历.docx”，在姓名信息中填写你的姓名，其他信息不用填写。

【操作提示】

（1）单击“文件”/“新建”/“样本模板”，选择“黑领结简历”模板，单击“创建”，如图 1.60 所示。

图 1.60 “黑领结简历”模板

（2）将“目标职位”修改为“求职意向”，单击“文件”/“另存为”，保存到考生文件夹 DWord 子文件夹下，文件名为“求职简历”，保存类型为“Word 模板”。

（3）打开保存的模板，在姓名信息中填写你的姓名，单击“文件”/“另存为”，保存到考生文件夹 DWord 子文件夹下，文件名为“我的简历”，保存类型为“Word 文档”。

6. 主控文档与子文档

【案例 1.7】在考生文件夹 DWord 子文件夹下，建立主控文档“Main.docx”，按序创建子文档“Sub1.docx”“Sub2.docx”和“Sub3.docx”。要求如下：

文档 Sub1.docx 中第一行内容为“Sub^1”，第二行内容为文档创建的日期（使用域，格式不限），样式均为正文。

文档 Sub2.docx 中第一行内容为“Sub^2”，第二行内容为“→”，样式均为正文。

文档 Sub3.docx 中第一行内容为“浙江省高校计算机等级考试”，样式为正文，将该文字设置为书签（名为 Mark）;第二行为空白行；在第三行插入书签 Mark 标记的文字。

【操作提示】

（1）创建子文档“Sub1.docx”，输入第一行内容，将“1”设置为上标；在第二行使用域插入文档创建的日期：单击“插入”/“文档部件”/“域”，选择“日期和时间”类别中的 CreateDate；设置正文样式，最后保存文档，关闭。

（2）创建子文档“Sub2.docx”，输入并设置第一行内容，单击“插入”/“符号”，打开“符号”对话框，选择字体栏中的“Wingdings 3”分类，如图 1.61 所示，在第二行插入符号“→”。

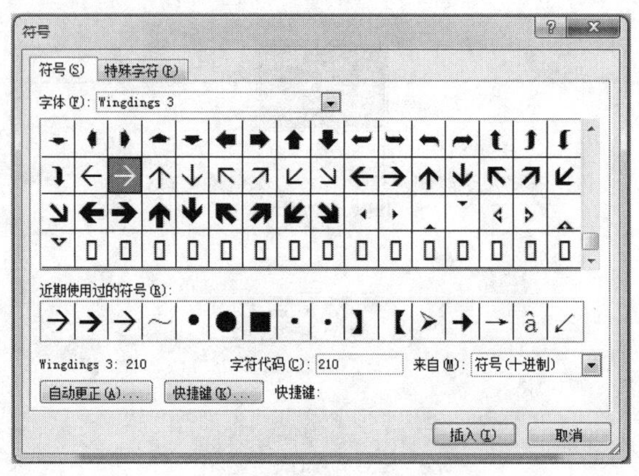

图 1.61 “符号”对话框

（3）创建子文档“Sub3.docx”，输入第一行内容并设置样式；选中第一行文字，单击“插入”/“书签”，打开“书签”对话框，如图 1.62 所示，输入书签名“Mark”，单击“添加”按钮。

引用书签标记的文字：将光标定位在第三行，单击“引用”/“交叉引用”，选择引用类型和书签名“Mark”，如图 1.63 所示，单击插入。

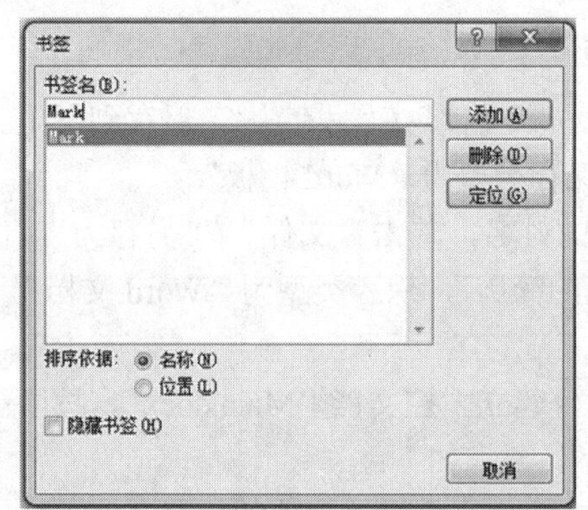

图 1.62 设置书签

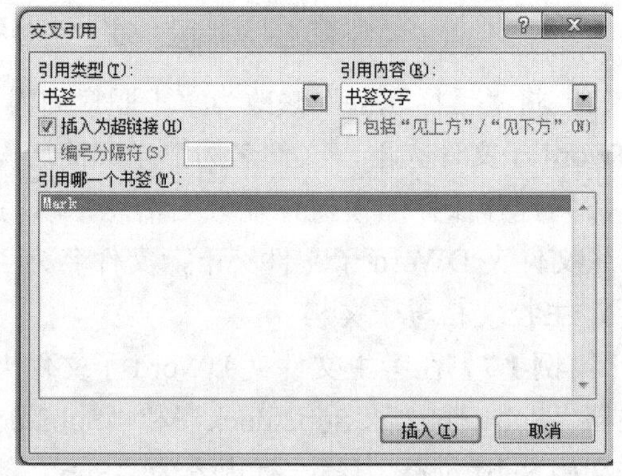

图 1.63 引用书签标记的文字

（4）创建主控文档 Main，选择大纲视图，单击“显示文档”/“插入”子文档，如图 1.64 所示，插入已创建的三个子文档，保存主控文档。

图 1.64 大纲视图下处理主控文档

（5）创建的主控文档如图 1.65 所示。

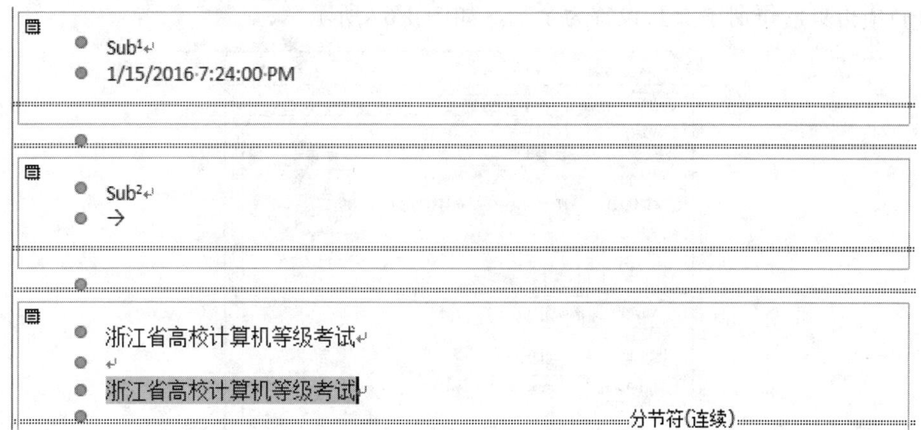

图 1.65　主控文档（一）

单击“折叠子文档”后的主控文档如图 1.66 所示。

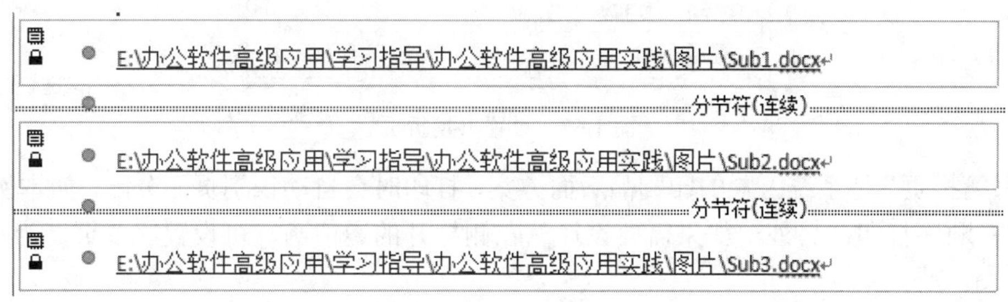

图 1.66　主控文档（二）

7. 邀请函的页面设置

【案例 1.8】建立文档“邀请函”，要求如下：

在一张 A4 纸上，正反面书籍折页打印，横向对折后，从右侧打开。

页面（一）和页面（四）打印在 A4 纸的同一面，页面（二）和页面（三）打印在 A4 纸的另一面。

四个页面依次显示如下内容：

页面（一）显示“邀请函”三个字，上下左右均居中对齐显示，竖排，字体为隶书，72 号。

页面（二）显示“汇报演出定于 2013 年 4 月 21 日，在学生活动中心举行。敬请光临。”，文字横排。

页面（三）显示“演出安排”，文字横排，居中，应用样式“标题 1”。

页面（四）显示两行文字，行（一）为“2013 年 4 月 21 日”，行（二）为“学生活动中心”。竖排，左右居中显示。

【操作提示】

（1）以分节方式生成 4 页（节），分别设置每一页的内容和格式。

（2）在“页面设置”窗口中设置“纸张大小”为 A4、“纸张方向”为横向、设置“多页”为书籍折页，每册中页数设置为全部，如图 1.67 所示。

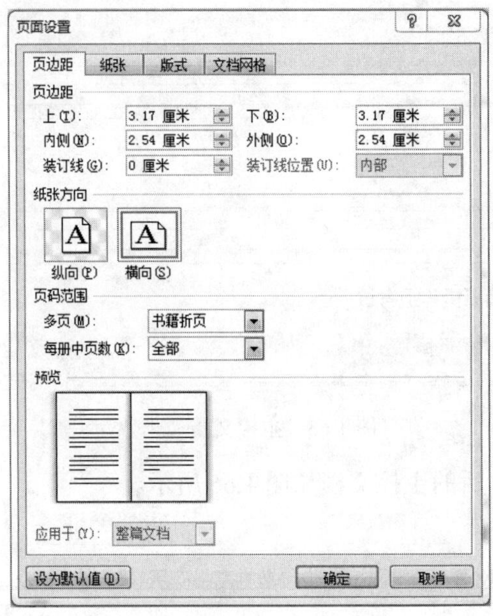

图 1.67　设置书籍折页

“书籍折页”是系统内置的印刷品版面方案，打印时会自动识别页面分配，如本例按 1、4、2、3 顺序打印；另外，如果需要设计从左侧打开的邀请函，可设置“多页”为反向书籍折页。

（3）完成的邀请函设置效果如图 1.68 所示。

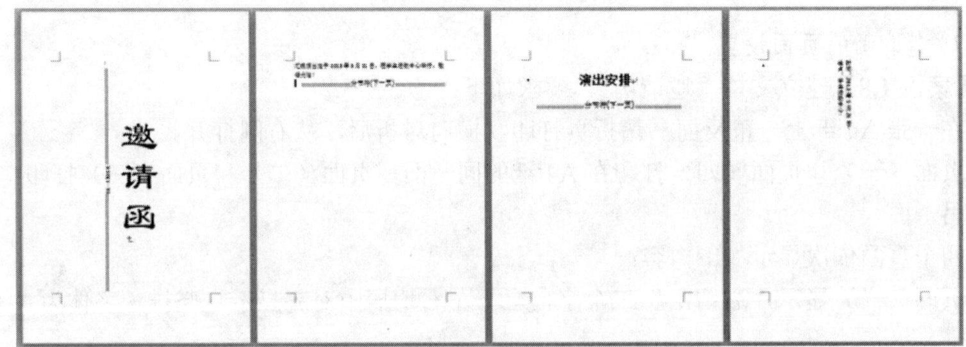

图 1.68　邀请函效果图

8. 其他

（1）域的使用。

- 日期和时间：CreatDate（文档创建日期）、Date（当前日期），注意：如日期格式列表中只呈现英文日期格式，请保持中文输入状态再试。
- 文档信息：Author（文档作者姓名，在“新名称”栏输入可更改）、FileName（文档的文件名称）、NumWords（文档的字数）、NumPages（文档的页数）。

- 编号：Section（当前节号）、Page（当前页码）。

【案例 1.9】文档总共有 6 页，第 1 页和第 2 页为一节，第 3 页和第 4 页为一节，第 5 页和第 6 页为一节。每页显示内容均为 3 行，依次显示“第 x 节”“第 y 页”“共 z 页”，其中 x、y、z 是使用插入的域自动生成的，并以中文数字（壹、贰、叁）的形式显示，左右居中对齐，样式为“正文”。

【操作提示】

交替设置分页、分节，产生三节共六页的文档。

按要求设置第 1 页内容。

在第 1 行输入“第节”，两个字中间插入“域”，打开“域”对话框，单击“编号”类别中的 Section 域，选择格式为中文数字（壹、贰、叁）的形式，如图 1.69 所示，单击“确定”，插入当前节号。

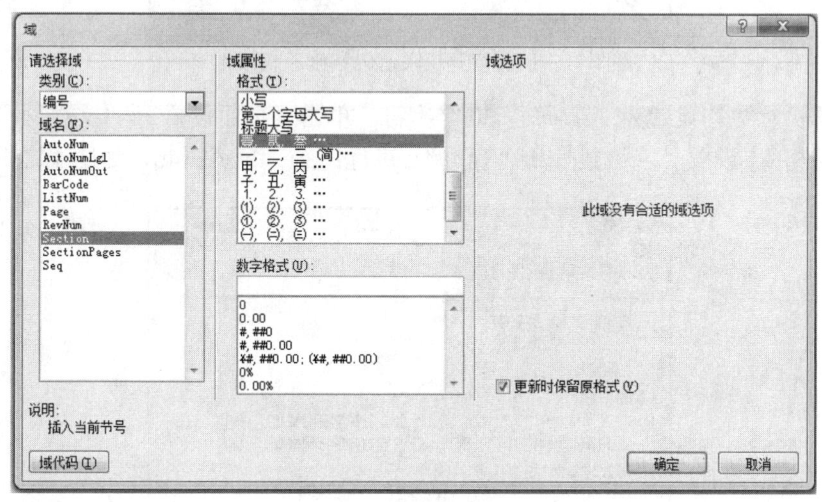

图 1.69 插入当前节号

同样在第 2 行插入“编号”类别中的 Page 域、第 3 行插入“文档信息”类别中的 NumPages 域，如图 1.70 所示。

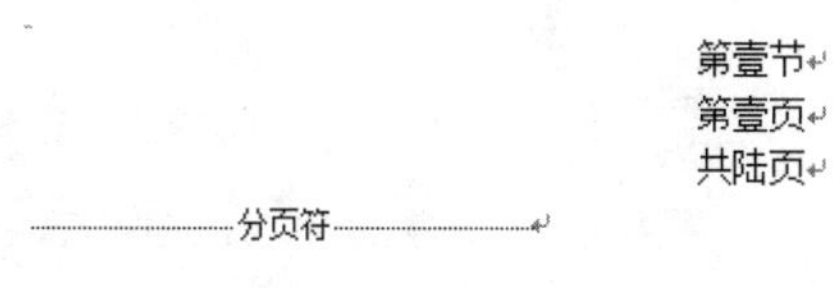

图 1.70 文档第 1 页

将第 1 页内容复制到其他 5 页，并更新所有的域。

（2）字符：â（拉丁语.1 增补）、→（箭头）、➜（字体 Wingdings 3 中的箭头）。

（3）文件加密：设置打开文件的密码为“123”，设置修改文件的密码为“456”。在“另存为”窗口中选择“工具”/“常规选项”，设置打开权限密码和修改权限密码，如图 1.71 所示。

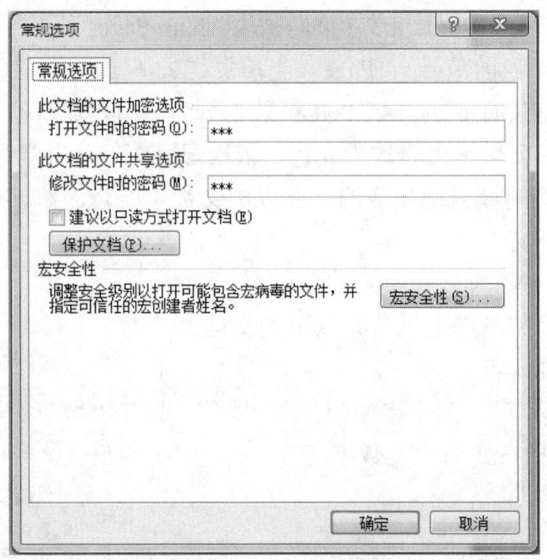

图 1.71　设置打开权限密码和修改权限密码

（4）每页行数均设置为 40，每行 30 个字符。单击“页面设置”/“文档网格”/“指定行和字符网格”，设置“字符数”和“行数”，每行：30、每页：40，如图 1.72 所示。

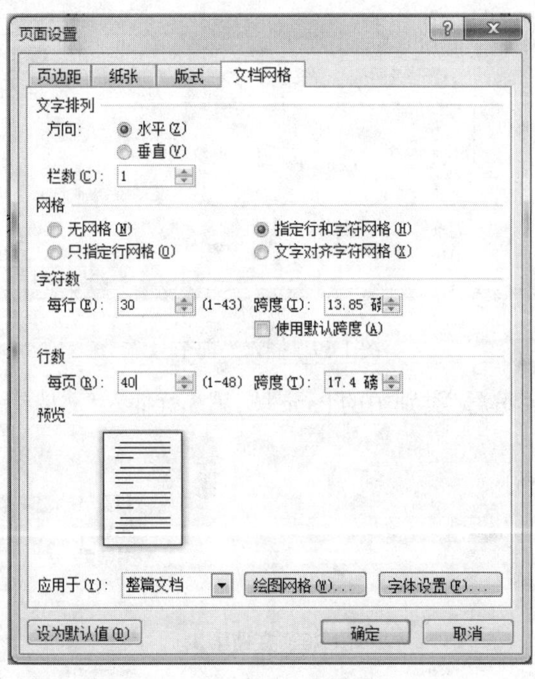

图 1.72　页面设置（文档网格）

第 2 章　Excel 2010

2.1　知 识 点 概 述

1. 单元格数据的输入与编辑

Excel 2010 中的基本数据类型包含两种：常量和公式。常量又分为数值、文本、日期、货币等类型。在默认情况下，单元格中的文本自动靠左对齐，数字、日期等数据自动靠右对齐。

在 Excel 2010 中，不仅可以直接输入数据，还可以拖动填充柄或双击填充柄快速填充数据。

一些特殊的数据输入方法如下：

（1）负数。在数值前加一个“–”号或把数值放在括号“( )”里输入。

（2）分数。要在单元格中输入分数形式的数据，应先输入数字“0”和一个空格，然后再输入分数，否则 Excel 会把分数当做日期处理。

（3）以数字“0”开头的数值型数据，零会被隐藏，若要显示数字“0”，需将它处理成文本型数据，即在数字“0”前输入一个单引号“'”（英文符号）。

（4）一个单元格中输入两行信息，如图 2.1 中的 D1 单元格，先输入“单价”，按“Alt+Enter”组合键，再输入“（元）”。

	A	B	C	D	E
1	编号	货物名称	规格	单价 （元）	销售量

图 2.1　一个单元格中输入两行信息

2. 格式设置

（1）设置单元格格式。如数字、日期、时间格式的设置，设置文本的字体、字形、字号、颜色等，设置数据的对齐方式，设置边框、底纹和背景图案等。“设置单元格格式”对话框如图 2.2 所示。

（2）设置行高和列宽。单击“开始”/“格式”，在“单元格大小”功能面板中选择“行高”和“列宽”命令可以精确设置行高和列宽，也可以将行或列调整到最适合的高度或宽度。

（3）条件格式。使用“突出显示单元格规则”，可以快速查找单元格区域中某个或一组符合特定规则的单元格，并以特殊的格式突出显示该单元格或一组单元格。

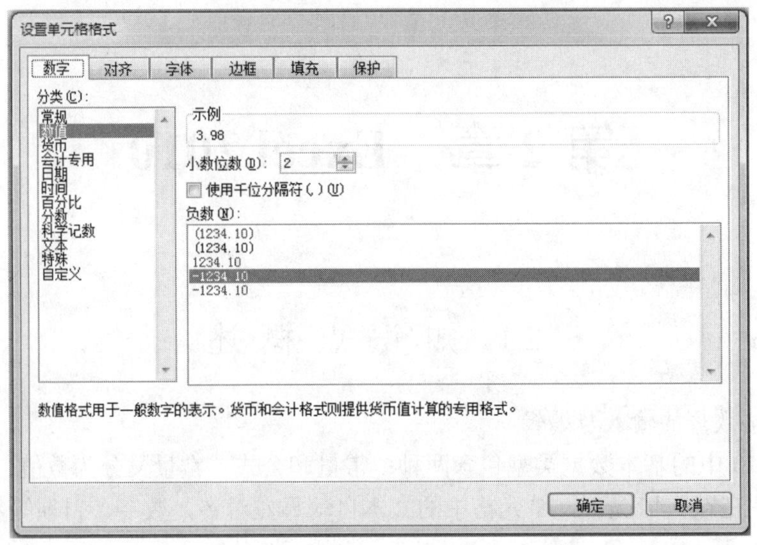

图 2.2 “设置单元格格式”对话框

3. 数据有效性

设置数据有效性可以限制单元格或单元格区域的数据输入，使输入数据必须满足一定的要求。利用数据有效性设置还可以实现自定义列表输入，实际应用时如果某些列的数据是有限的确定的几个，如性别、学历、职称等，这时可使用自定义列表输入。

4. 公式与函数

（1）公式编辑栏。如图 2.3 所示，编辑栏右端空白处输入公式或插入函数；左端为名称框，显示当前单元格的名称或最近使用过的函数名，也可以选择其他函数；中间的三个按钮分别表示“取消”“输入”和“插入函数”。

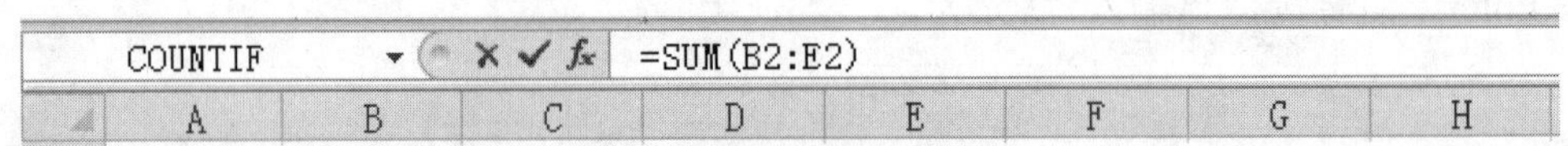

图 2.3 Excel 公式编辑栏

（2）公式中单元格或单元格区域的相对引用和绝对引用。如 B1 为相对引用，$B$1 为绝对引用，$B1 和 B$1 为混合引用，按 F4 键可实现相对引用与绝对引用的转换。

（3）运算符。Excel 的运算符包括以下几类：

- 算术运算符。如：+、–、*、/、^、%，分别表示加、减、乘、除、乘幂和百分号运算。
- 比较运算符。如：=（等于）、>（大于）、<（小于）、>=（大于等于）、<=（小于等于）、<>（不等于）。比较运算符用来比较两个值，其结果是一个逻辑值，即真（True）或假（False）。
- 文本运算符。即“&”，用来连接两个文本字符串，形成一个新的文本字符串。
- 引用运算符。主要由“:”（冒号）、“,”（逗号）和“ ”（单个空格），引用运算符用于表示单元格区域。

（4）常用函数。Excel 提供了很多内置函数，常用的有：数学与三角函数、统计函数、逻辑函数、财务函数、文本函数、日期与时间函数、查找与引用函数、数据库函数等。

（5）数组公式。数组是单元格的集合或是一组处理的值的集合，数组公式可以看成有多重数据的公式，输入公式后按 Ctrl + Shift + Enter 组合键完成计算。

（6）出错信息。如果在单元格中输入的公式出现不能正确计算出结果等情况时，Excel 将显示一串以“#”开头的错误信息。在使用时经常出现的错误值和产生错误的原因，见表 2.1。

表 2.1　　出　错　信　息

错误值	错误原因
#####	单元格内的数值、日期或时间比单元格宽，或单元格的日期时间公式产生了一个负值
#DIV/0!	公式被零除，或者公式中使用了一个空单元格
#VALUE!	使用错误的参数或运算对象类型
#NAME?	在公式中使用了不能识别的文本（未定义名称）
#N/A	函数或公式中没有可用的数值
#REF!	引用了无效的单元格
#NUM!	在函数或公式中使用了不适当的参数或数字
#NULL!	公式中引用了一种不允许出现相交但却交叉了的两个区域

5. 数据筛选

在“数据”选项卡中包含一组“排序和筛选”功能，如图 2.4 所示。Excel 的数据筛选包括自动筛选和高级筛选两种。

（1）自动筛选。单击功能组的“筛选”图标，将进入自动筛选模式，单击每个字段名称后面的下拉箭头可设置筛选条件。

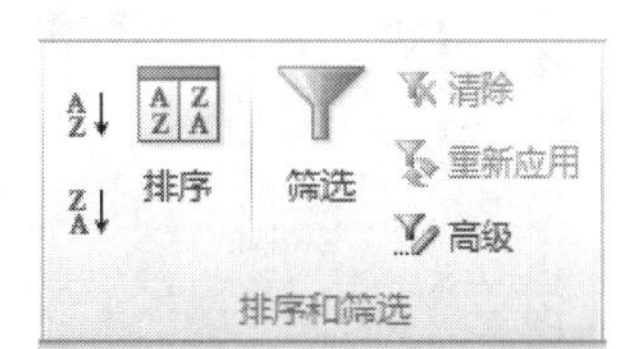

图 2.4　“排序和筛选”功能组

（2）高级筛选。当筛选条件比较多或者用自动筛选无法解决时，可以使用高级筛选功能来对数据清单进行筛选。在使用高级筛选时，必须先设置“条件区域”。单击功能组的“高级”图标，将打开“高级筛选”对话框，在对话框中选择“列表区域”和“条件区域”就可以实现高级筛选。

（3）单击功能组的“清除”图标，将取消筛选。

6. 数据透视图（表）

数据透视表和数据透视图是最常用、功能最全的 Excel 数据分析工具之一。数据透视表是一种能对大量数据快速汇总并建立交叉列表的交互式动态表格，它有机地综合了数据排序、筛选、分类汇总等数据分析功能；数据透视图是另一种数据表现形式，与数据透视表不同的地方在于它允许选择适当的图表及多种颜色来描述数据的特性。

2.2 Excel 基本操作

1. 输入分数

在 Sheet3 的 B1 单元格中输入分数 1/3。

【操作提示】

单击 Sheet3 的 B1 单元格，依次输入 0、空格、1/3。如果直接输入“1/3”，将被当做日期数据，如图 2.5 所示。

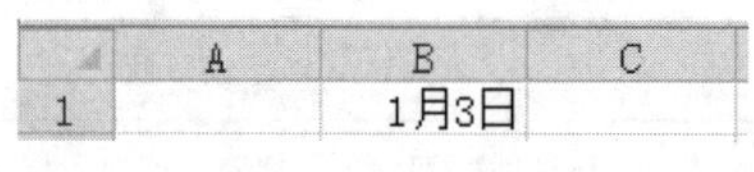

图 2.5 输入分数

2. 数据有效性设置

在 Sheet3 中的 A1 单元格中设置为只能录入 5 位数字或文本。当录入位数错误时，提示错误原因，样式为“警告”，错误信息为“只能录入 5 位数字或文本”。

【操作提示】

选中 Sheet3 中的 A1 单元格；单击“数据”/“数据有效性”/“设置”/“有效性条件”，具体设置如图 2.6 所示。

单击“出错警告”，选择“警告”样式，在“错误信息”栏输入：只能录入 5 位数字或文本，如图 2.7 所示，单击“确定”。

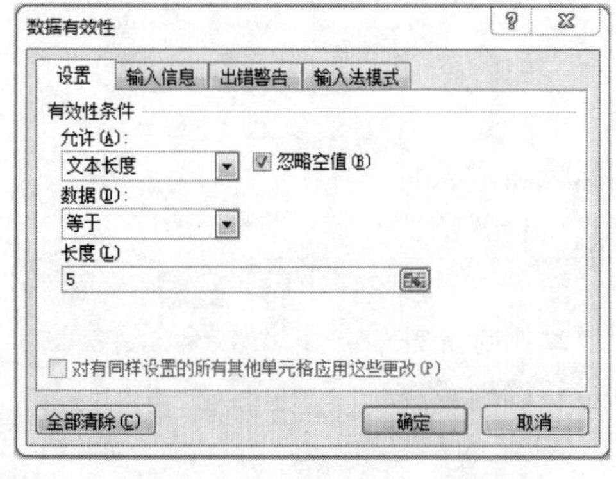

图 2.6 数据有效性设置（一）

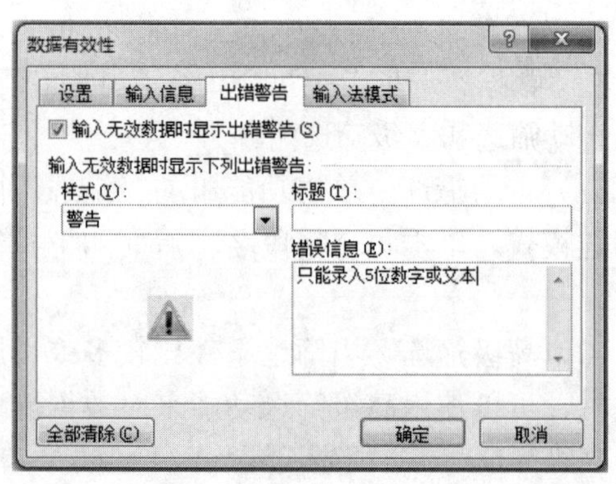

图 2.7 数据有效性设置（二）

3. 自定义列表输入

设置某列（如“学位”列），通过下拉列表框输入博士、硕士、学士或无。

【操作提示】

选中需要列表输入的一组单元格；单击“数据”/“数据有效性”/“设置”/“允许（序列）”，在“来源”一栏中输入以英文逗号分隔的博士、硕士、学士或无，如图 2.8 所示，单击“确定”。

4. 设置不能输入重复的数值

在 Sheet3 中设定 F 列中不能输入重复的数值。

【操作提示】

单击 F，选择 F 列；单击“数据”/“数据有效性”/“设置”/“允许（自定义）”/输入公式：=COUNTIF(F:F,F1)=1。

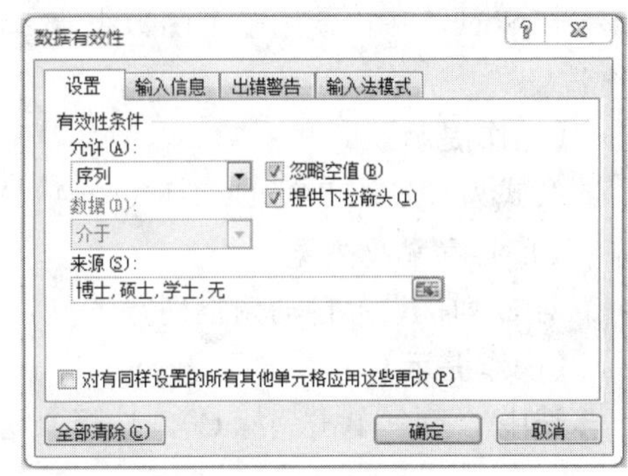

图 2.8 数据有效性设置（三）

5. 根据身份证号码判断性别

在 Sheet5 中，使用函数，根据 C1 单元格中的身份证号码判断性别，结果为“男”或“女”，存放在 C2 单元格中。倒数第二位是奇数的为“男”，是偶数的为“女”。

【操作提示】

选中 Sheet5 的 C2 单元格，输入公式： =IF(MOD(MID(C1,17,1),2)=1,"男","女")。

6. 闰年判断

闰年定义：能被 4 整除而不能被 100 整除，或者能被 400 整除的年份。

（1）判断 Sheet3 的 C1 单元格中的年份是否为闰年，结果为 TRUE 或 FALSE，并将结果保存在 Sheet3 的 D1 单元格中。

（2）判断当前年份是否为闰年，结果为 TRUE 或 FALSE，并将结果保存在 Sheet3 的 D2 单元格中。

（3）判断当前年份是否为闰年，如果是，结果保存“闰年”；如果不是，则结果保存“平年”，并将结果保存在 Sheet3 的 D3 单元格中。

【操作提示】

三个公式分别如下：

=OR(AND(MOD(YEAR(C1),4)=0,MOD(YEAR(C1),100)<>0),MOD(YEAR(C1),400)=0)

=OR(AND(MOD(YEAR(TODAY()),4)=0,MOD(YEAR(TODAY()),100)<>0),MOD(YEAR(TODAY()),400)=0)

=IF(OR(AND(MOD(YEAR(TODAY()),4)=0,MOD(YEAR(TODAY()),100)<>0),MOD(YEAR(TODAY()),400)=0),"闰年","平年")

7. 四舍五入时间

在 Sheet3 中，使用函数，将 B2 中的时间四舍五入到最接近的 15 分钟的倍数，结果存放在 C2 单元格中。

【操作提示】

公式为=HOUR(B2)&":"&MROUND(MINUTE(B2),15)，其中数学函数 MROUND 的功能是：返回 1 个舍入到指定倍数的数字。

8. 四舍五入数值

在 Sheet3 中，使用函数，将 B3 中的数四舍五入到整百，结果存放在 C3 单元格中。

【操作提示】

公式为=ROUND(B3,-2)，ROUND 为数学函数。

9. 计算奇数的个数

在 Sheet5 中，使用多个函数组合，计算 A1～A10 中奇数的个数，结果保存到 B1 单元格中。

【操作提示】

公式为=SUMPRODUCT(MOD(A1:A10,2))。

10. 自动调整列宽

对 C 列，设置自动调整列宽。

【操作提示】

选中 C 列（单击列标 C），选择“格式”/“自动调整列宽”。

2.3 Excel 工作表操作

【案例 2.1】公务员考试成绩表

	A	B	C	D	E	F	G	H	I	J	K	L	M	N
1	公务员考试成绩表													
2	报考单位	报考职位	准考证号	姓名	性别	出生年月	学历	学位	笔试成绩	笔试成绩比例分	面试成绩	面试成绩比例分	总成绩	排名
3	市高院	法官(刑事)	050008502132	KS1	女	1973-03-07	博士研究生		154.00		68.75			
4	区法院	法官(刑事)	050008505460	KS2	男	1973-07-15	本科		136.00		90.00			
5	一中院	法官(刑事)	050008501144	KS3	女	1971-12-04	博士研究生		134.00		89.75			
6	市高院	法官(刑事)	050008503756	KS4	女	1969-05-04	本科		142.00		76.00			
7	市高院	法官(民事、行政)	050008502813	KS5	男	1974-08-12	大专		148.50		75.75			
8	三中院	法官(民事、行政)	050008503258	KS6	男	1980-07-28	本科		147.00		89.75			
9	市高院	法官(民事、行政)	050008500383	KS7	男	1979-09-04	硕士研究生		134.50		76.75			
10	区法院	法官(民事、行政)	050008502550	KS8	男	1979-07-16	本科		144.00		89.50			
11	市高院	法官(民事、行政)	050008504650	KS9	男	1973-11-04	硕士研究生		143.00		78.00			
12	三中院	法官(民事、行政)	050008501073	KS10	男	1972-12-11	本科		143.00		90.25			
13	一中院	法官(刑事、男)	050008502309	KS11	男	1970-07-30	硕士研究生		134.00		86.50			
14	一中院	法官(民事、男)	050008501663	KS12	男	1979-02-16	硕士研究生		153.50		90.67			
15	一中院	法官(民事、男)	050008504259	KS13	男	1972-10-31	硕士研究生		133.50		85.00			
16	三中院	法官	050008500508	KS14	男	1972-06-07	本科		128.00		67.50			
17	区法院	法官(男)	050008505099	KS15	男	1974-04-14	大专		117.50		78.00			
18	区法院	法官(民事)	050008503790	KS16	男	1977-03-04	本科		131.50		58.17			

图 2.9　公务员考试成绩表

（1）在图 2.9 所示表格中，使用条件格式将性别列中为“女”的单元格中字体颜色设置为红色、加粗显示。

【操作提示】

选中“性别”列中的单元格，单击“开始”/“条件格式”，选择“突出显示单元格规则”中的“等于”，打开“等于”对话框，如图 2.10 所示。

图 2.10　“等于”对话框

在图 2.10“为等于以下值的单元格设置格式”框中输入“女”，选择“设置为”栏中的“自定义格式”，打开“设置单元格格式”对话框，如图 2.11 所示。选择字形“加粗”、颜色“红色”，单击“确定”。

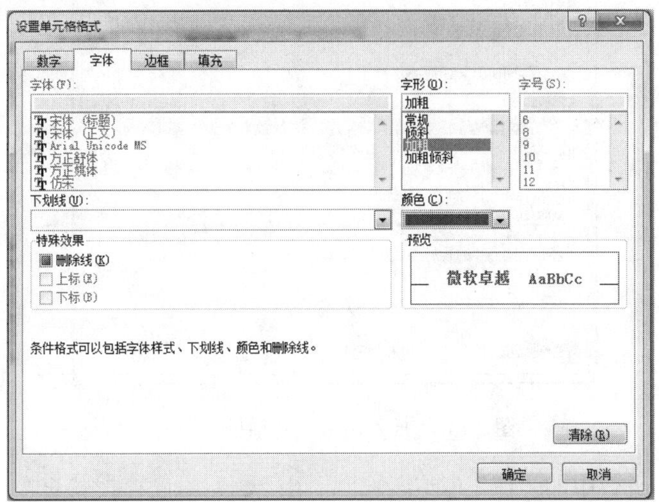

图 2.11 设置单元格格式

（2）使用 IF 函数，对 Sheet1 中的“学位”列进行自动填充。要求如下：

- 填充的内容根据“学历”列的内容来确定（假定学生均已获得相应学位）
- 博士研究生－博士
- 硕士研究生－硕士
- 本科－学士
- 其他－无

【操作提示】

选中 H3 单元格，在公式编辑栏（图 2.12）直接输入以下公式：

=IF(G3="博士研究生","博士",IF(G3="硕士研究生","硕士",IF(G3="本科","学士","无")))，拖动或直接双击单元格填充柄填充数据。

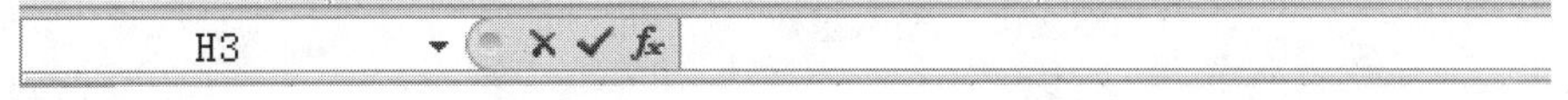

图 2.12 公式编辑栏

输入公式时须注意以下几点：

- 公式从等号“=”开始。
- 公式中所有的引号、逗号、括号等都必须在英文输入状态下输入。
- 左右括号必须配合成对。

当公式中包含函数，特别是函数里面有函数（函数的嵌套使用）时，公式往往会变得比较复杂，这时直接输入就比较困难了，下面介绍用插入（嵌套）函数来输入公式的方法。

选中 H3 单元格，单击公式编辑栏上的“插入函数”图标，打开“插入函数”对话框一，如图 2.13 所示。

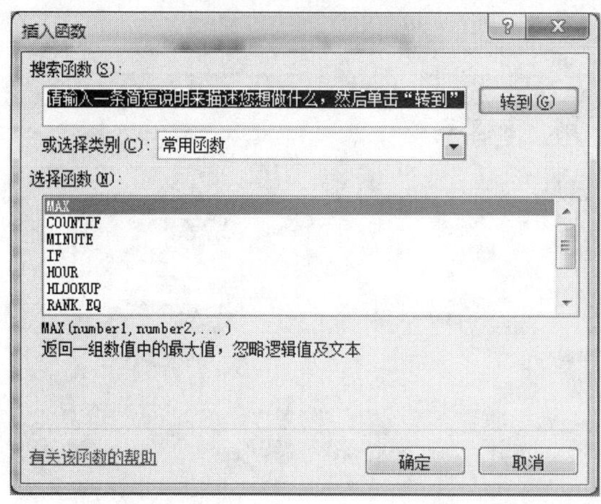

图 2.13 “插入函数”对话框（一）

选择“逻辑”函数中的“IF”（如果在“常用函数”中已存在就直接选中），如图 2.14 所示，单击“确定”，打开“IF 函数参数”对话框。

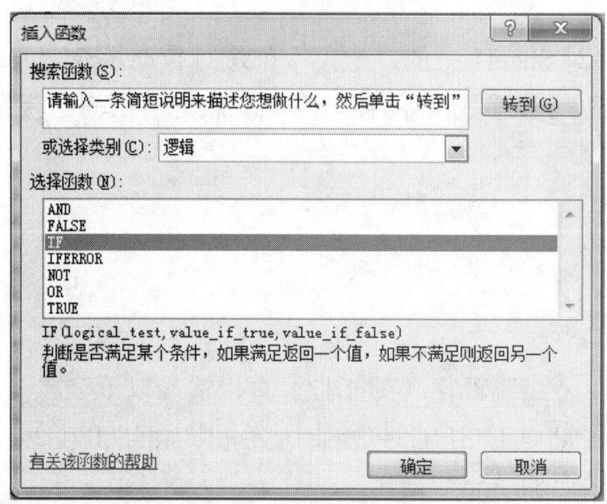

图 2.14 “插入函数”对话框（二）

在“IF 函数参数”对话框中输入前两个参数，如图 2.15 所示。

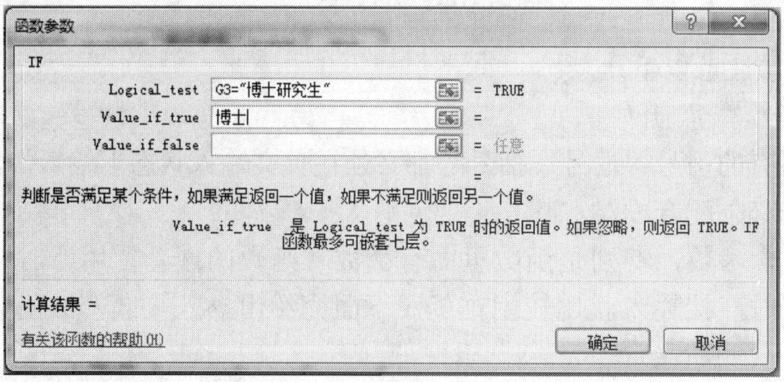

图 2.15 “IF 函数参数”对话框

将光标定位在第三个参数的位置，单击“公式编辑栏”左侧的“IF”，弹出新的“IF 函数参数”对话框，同样在其中输入前两个参数，如图 2.16 所示。

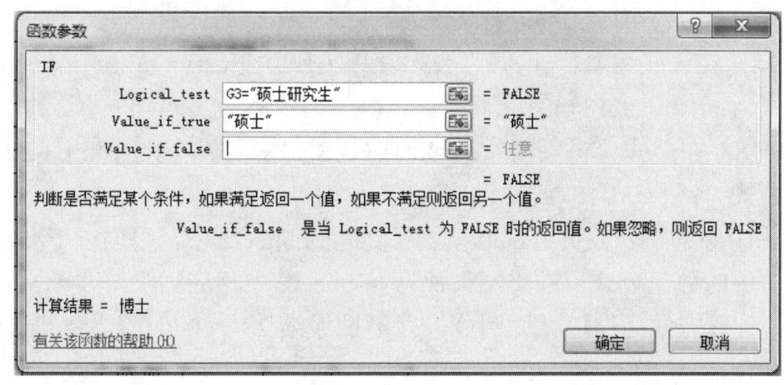

图 2.16 弹出新的“IF 函数参数”对话框（一）

再次将光标定位在第三个参数的位置，单击“公式编辑栏”左侧的“IF”，在弹出的新的“IF 函数参数”对话框中输入以下内容，如图 2.17 所示。

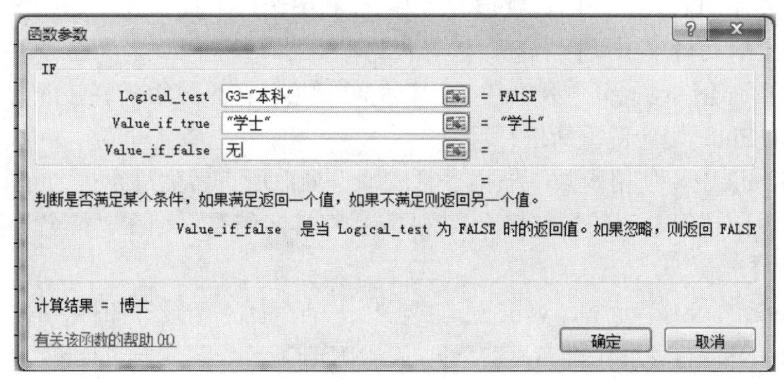

图 2.17 弹出新的“IF 函数参数”对话框（二）

至此，单击“确定”，插入的公式如图 2.18 所示。

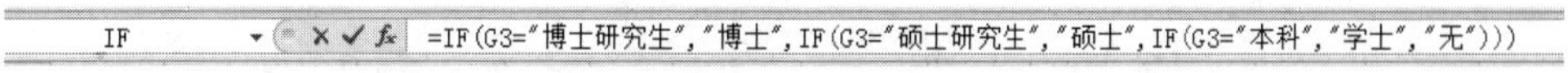

IF =IF(G3="博士研究生","博士",IF(G3="硕士研究生","硕士",IF(G3="本科","学士","无")))

图 2.18 插入的公式

（3）使用数组公式，在 Sheet1 中进行计算。

- 计算笔试比例分，并将结果保存在“公务员考试成绩表”中的“笔试比例分”中。
- 计算方法为：笔试比例分=（笔试成绩/3）*60%。
- 计算面试比例分，并将结果保存在“公务员考试成绩表”中的“面试比例分”中。
- 计算方法为：面试比例分=面试成绩*40%。
- 计算总成绩，并将结果保存在“公务员考试成绩表”中的“总成绩”中。
- 计算方法为：总成绩 = 笔试比例分 + 面试比例分。

【操作提示】

选中 J3:J18，在公式编辑栏输入：=(I3:I18/3)*60%，按 Ctrl + Shift + Enter 组合键完成计算，数组公式为：{=(I3:I18/3)*60%}。

选中 L3:L18，在公式编辑栏输入：=K3:K18*40%，按 Ctrl + Shift + Enter 组合键完成计算，数组公式为：{=K3:K18*40%}。

选中 M3:M18，在公式编辑栏输入：=J3:J18+L3:L18，按 Ctrl + Shift + Enter 组合键完成计算，数组公式为：{=J3:J18+L3:L18}。

（4）将 Sheet1 中的“公务员考试成绩表”复制到 Sheet2 中，根据以下要求修改“公务员考试成绩表”中的数组公式，并将结果保存在 Sheet2 中相应列中。要求：修改“笔试比例分”的计算，计算方法为：笔试比例分 =（笔试成绩/2）*60%，并将结果保存在“笔试比例分”列中。

注意：

- 复制过程中，将标题项“公务员考试成绩表”连同数据一同复制；
- 复制数据表后，粘贴时，数据表必须顶格放置。

【操作提示】

选中需要复制的内容（连同标题项），按鼠标右键选择“复制”，单击“Sheet2”标签，在 Sheet2 的 A1 单元格单击鼠标右键，选择“粘贴”。

单击 Sheet2“笔试比例分”列中任一计算值单元格，在公式编辑栏按照要求修改公式，并按 Ctrl+Shift+Enter 组合键重新进行计算。

（5）在 Sheet2 中，使用函数，根据“总成绩”列对所有考生进行排名（如果多个数值排名相同，则返回该组数值的最佳排名）。要求：将排名结果保存在“排名”列中。

【操作提示】

选中 Sheet2 的 N3 单元格，单击公式编辑栏上的“插入函数”图标，在“统计函数”类别中找到 RANK.EQ（最佳排名），打开“RANK.EQ 函数参数”对话框，依次填入三个参数，如图 2.19 所示。

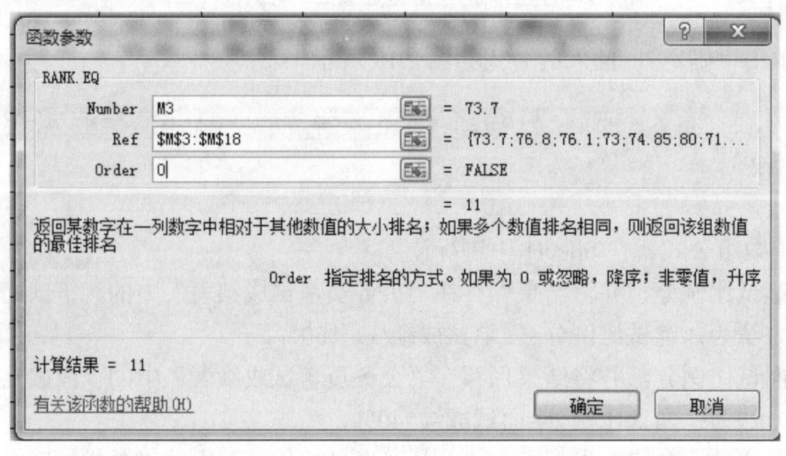

图 2.19 “RANK.EQ 函数参数”对话框

函数的第二个参数是所有总成绩数据，注意必须采用绝对引用地址，插入的函数为：=RANK.EQ(M3,$M$3:$M$18,0)，双击填充柄完成数据填充。

（6）将 Sheet2 中的“公务员考试成绩表”复制到 Sheet3，并对 Sheet3 进行高级筛选。要求如下：

- 筛选条件为：“报考单位”为一中院、“性别”为男、“学历”为硕士研究生。
- 将筛选结果保存在 Sheet3 中。

注意：

- 无需考虑是否删除或移动筛选条件。
- 复制过程中，将标题项“公务员考试成绩表”连同数据一同复制。
- 复制数据表后，粘贴时，数据表必须顶格放置。

【操作提示】

将 Sheet2 中的“公务员考试成绩表”复制到 Sheet3，方法同（4）；在 Sheet3 中设置筛选条件，如图 2.20 所示，注意条件区域必须与原始的表格分开（至少用一行或一列分隔）。

公务员考试成绩表

报考单位	报考职位	准考证号	姓名	性别	出生年月	学历	学位	笔试成绩	笔试成绩比例分	面试成绩	面试成绩比例分	总成绩	排名
市高院	法官(刑事)	050008502132	KS1	女	1973-03-07	博士研究生	博士	154.00	46.20	68.75	27.50	73.70	11
区法院	法官(刑事)	050008505460	KS2	男	1973-07-15	本科	学士	136.00	40.80	90.00	36.00	76.80	5
一中院	法官(刑事)	050008501144	KS3	女	1971-12-04	博士研究生	博士	134.00	40.20	89.75	35.90	76.10	6
市高院	法官(刑事)	050008503756	KS4	女	1969-05-04	本科	学士	142.00	42.60	76.00	30.40	73.00	12
市高院	官(民事、行政	050008502813	KS5	男	1974-08-12	大专	无	148.50	44.55	75.75	30.30	74.85	7
三中院	官(民事、行政	050008503258	KS6	男	1980-07-28	本科	学士	147.00	44.10	89.75	35.90	80.00	2
市高院	官(民事、行政	050008500383	KS7	男	1979-09-04	硕士研究生	硕士	134.50	40.35	76.75	30.70	71.05	13
区法院	官(民事、行政	050008502550	KS8	男	1979-07-16	本科	学士	144.00	43.20	89.50	35.80	79.00	3
市高院	官(民事、行政	050008504650	KS9	男	1973-11-04	硕士研究生	硕士	143.00	42.90	78.00	31.20	74.10	9
三中院	官(民事、行政	050008501073	KS10	男	1972-12-11	本科	学士	143.00	42.90	90.25	36.10	79.00	3
一中院	法官(刑事、男	050008502309	KS11	男	1970-07-30	硕士研究生	硕士	134.00	40.20	86.50	34.60	74.80	8
一中院	法官(民事、男	050008501663	KS12	男	1979-02-16	硕士研究生	硕士	153.50	46.05	90.67	36.27	82.32	1
一中院	法官(民事、男	050008504259	KS13	男	1972-10-31	硕士研究生	硕士	133.50	40.05	85.00	34.00	74.05	10
三中院	法官	050008500508	KS14	男	1972-06-07	本科	学士	128.00	38.40	67.50	27.00	65.40	15
区法院	法官(男)	050008505099	KS15	男	1974-04-14	大专	无	117.50	35.25	78.00	31.20	66.45	14
区法院	法官(民事)	050008503790	KS16	男	1977-03-04	本科	学士	131.50	39.45	58.17	23.27	62.72	16

报考单位	性别	学历
一中院	男	硕士研究生

图 2.20 设置筛选条件

单击“公务员考试成绩表”任一单元格，选择“数据”选项卡“排序和筛选”功能组的“高级”，打开“高级筛选”对话框，如图 2.21 所示，对话框中“列表区域”已自动填入，单击“条件区域”框，选中设置好的筛选条件（6 个单元格），单击“确定”，筛选结果如图 2.22 所示。

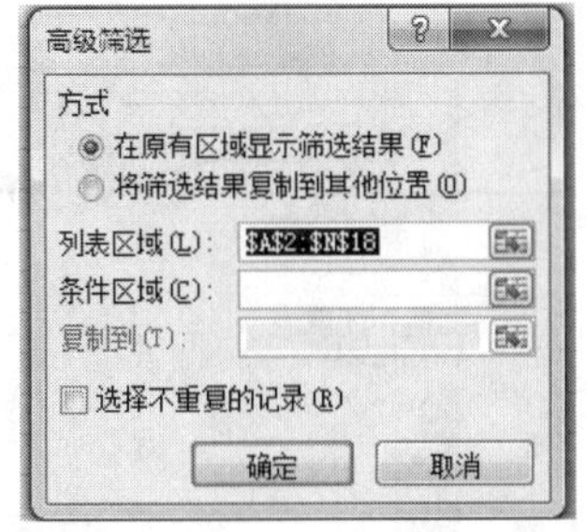

图 2.21 “高级筛选”对话框

（7）根据 Sheet2 中的“公务员考试成绩表”，在 Sheet4 中创建一张数据透视表。要求如下：

- 显示每个报考单位的人的不同学历的人数汇总情况。
- 行区域设置为“报考单位”。
- 列区域设置为“学历”。
- 数据区域设置为“学历”。
- 计数项为学历。

公务员考试成绩表

报考单位	报考职位	准考证号	姓名	性别	出生年月	学历	学位	笔试成绩	笔试成绩比例分	面试成绩	面试成绩比例分	总成绩	排名
一中院	法官(刑事、男	050008502309	KS11	男	1970-07-30	硕士研究生	硕士	134.00	40.20	86.50	34.60	74.80	8
一中院	法官(民事、男	050008501663	KS12	男	1979-02-16	硕士研究生	硕士	153.50	46.05	90.67	36.27	82.32	1
一中院	法官(民事、男	050008504259	KS13	男	1972-10-31	硕士研究生	硕士	133.50	40.05	85.00	34.00	74.05	10

图 2.22 筛选结果

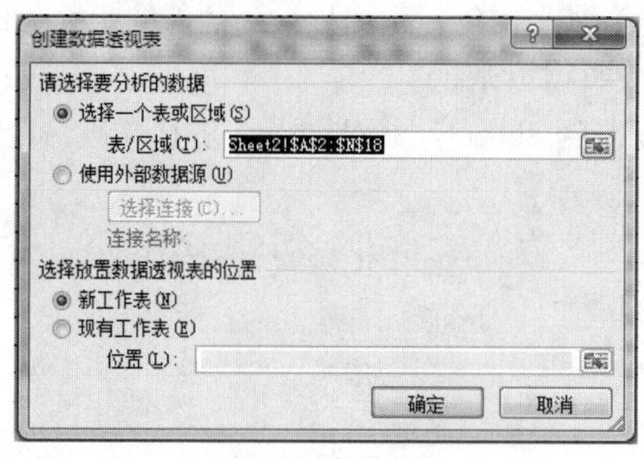

图 2.23 “创建数据透视表”向导

【操作提示】

单击 Sheet2“公务员考试成绩表”的任一单元格，选择“插入”/“数据透视表”，打开“创建数据透视表”向导，如图 2.23 所示。

其中“要分析的数据”已自动选中，将“放置数据透视表的位置”选择为“现有工作表”，并单击工作表标签“Sheet4”和 Sheet4 的 A1 单元格，再单击“确定”，进入数据透视表设计窗口，如图 2.24 所示。

在“选择要添加到报表的字段”窗口，拖动“报考单位”至“行标签”，拖动“学历”至“列标签”，数值（计数项）为“学历”，生成的数据透视表如图 2.25 所示。

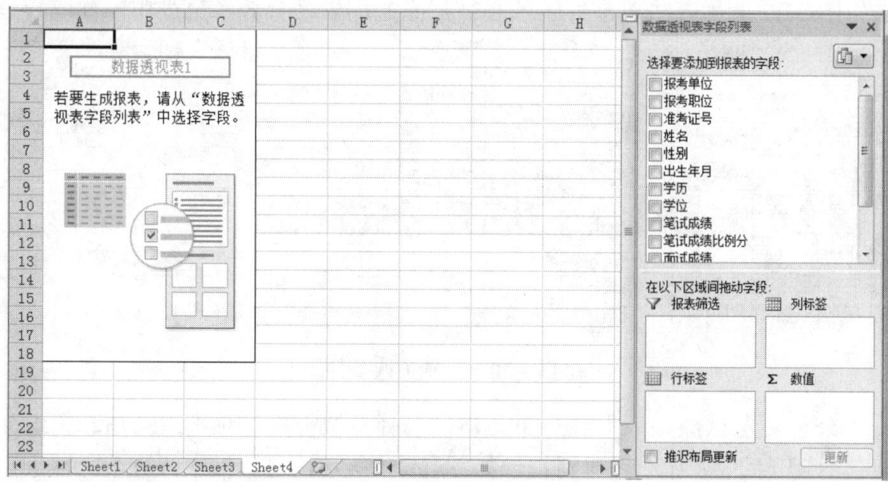

图 2.24 数据透视表设计

计数项:学历	列标签				
行标签	本科	博士研究生	大专	硕士研究生	总计
区法院	3		1		4
三中院	3				3
市高院	1	1	1	2	5
一中院		1		3	4
总计	7	2	2	5	16

图 2.25 数据透视表

【**案例 2.2**】采购情况表

采购情况表							
产品	瓦数	寿命（小时）	商标	单价	每盒数量	采购盒数	采购总额
白炽灯	200	3000	上海	4.50	4	3	
氖管	100	2000	上海	2.00	15	2	
日光灯	60	3000	上海	2.00	10	5	
其他	10	8000	北京	0.80	25	6	
白炽灯	80	1000	上海	0.20	40	3	
日光灯	100	未知	上海	1.25	10	4	
日光灯	200	3000	上海	2.50	15	0	
其他	25	未知	北京	0.50	10	3	
白炽灯	200	3000	北京	5.00	3	2	
氖管	100	2000	北京	1.80	20	5	
白炽灯	100	未知	北京	0.25	10	5	
白炽灯	10	800	上海	0.20	25	2	
白炽灯	60	1000	北京	0.15	25	0	
白炽灯	80	1000	北京	0.20	30	2	
白炽灯	100	2000	上海	0.80	10	5	
白炽灯	40	1000	上海	0.10	20	5	

条件区域1：		
商标	产品	瓦数
上海	白炽灯	<100

条件区域2：		
产品	瓦数	瓦数
白炽灯	>=80	<=100

情况	计算结果
商标为上海，瓦数小于100的白炽灯的平均单价：	
产品为白炽灯，其瓦数大于等于80且小于等于100的品种数：	

图 2.26　采购情况表

（1）在 Sheet1 中，使用条件格式将“瓦数”列中数据小于 100 的单元格中字体颜色设置为红色、加粗显示。

【操作提示】

选择 B3：B18 单元格，单击“开始”/“条件格式”/“突出显示单元格规则”/“小于”，在对话框输入 100，选择自定义格式设置加粗、红色。

（2）使用数组公式，计算 Sheet1 中“采购情况表”中的每种产品的采购总额，将结果保存到表中的“采购总额”列中。计算方法为：采购总额=单价*每盒数量*采购盒数。

【操作提示】

数组公式：=E3:E18*F3:F18*G3:G18，按 Ctrl+Shift+Enter 组合键完成计算。

（3）根据 Sheet1 中的“采购情况表”，使用数据库函数及已设置的条件区域，计算以下情况的结果。

- 计算：商标为上海，瓦数小于 100 的白炽灯的平均单价，并将结果填入 Sheet1 的 G25 单元格中，保留小数 2 位。
- 计算：产品为白炽灯，其瓦数大于等于 80 且小于等于 100 的品种数，并将结果填入 Sheet1 的 G26 单元格中。

【操作提示】

选中 G25 单元格，插入数据库函数 DAVERAGE，设置函数的三个参数，三个参数分别表示列表（数据库）区域、指定求平均值的列、已设置的条件区域，如图 2.27 所示。

插入的公式为=DAVERAGE(A2:H18,E2,J4:L5)，其中第 2 个参数也可以是数字 5（即第 5 列）。

最后单击“格式”/“设置单元格格式”，打开“单元格格式”对话框，选择数字分类中的数值，设置小数位数 2 位。

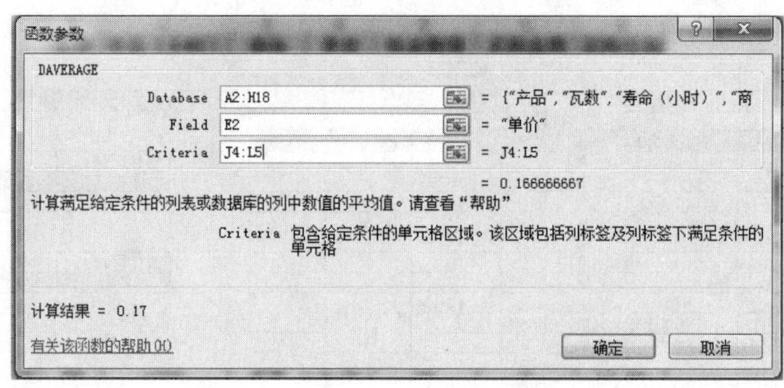

图 2.27 数据库函数 DAVERAGE

选中 G26 单元格，插入数据库函数 DCOUNT，设置函数的三个参数，公式为：=DCOUNT(A2:H18,B2,J9:L10)，其中第 2 个参数可以是值为数值的任何列。

计算结果如图 2.28 所示。

24	情况	计算结果
25	商标为上海，瓦数小于100的白炽灯的平均单价：	0.17
26	产品为白炽灯，其瓦数大于等于80且小于等于100的品种数：	4

图 2.28 计算结果

J	K	L
条件区域1：		
商标	产品	瓦数
上海	白炽灯	<100
条件区域2：		
产品	瓦数	瓦数
白炽灯	>=80	<=100

图 2.29 数据库函数的条件区域设置

数据库函数名都是以字母“D”开头，通常用以多个条件的统计和计算，在使用时需设置条件区域，如本案例中 J4:L5、J9:L10 中的内容，如图 2.29 所示。

（4）某公司对各个部门员工吸烟情况进行统计，作为人力资源搭配的一个数据依据。对于调查对象，只能回答 Y（吸烟）或者 N（不吸烟）。根据调查情况，制作出 Sheet2 中的“吸烟情况调查表”，如图 2.30 所示。使用函数，统计符合以下条件的数值。

- 统计未登记的部门数，将结果保存在 B14 单元格中。
- 统计在登记的部门中，吸烟的部门个数，将结果保存在 B15 单元格中。

	A	B	C	D	E	F	G	H
1	吸烟调查情况表							
2		部门1	部门2	部门3	部门4		Y:	吸烟
3	车间1	Y	N				N:	不吸烟
4	车间2		Y	Y	Y			
5	车间3							
6	车间4	N		N	N			
7	车间5	Y		Y				
8	车间6	Y	Y	Y	N			
9	车间7		N	Y				
10	车间8	N	N	Y	Y			
11	车间9			Y				
12	车间10	Y	N		Y			
13								
14	未登记数：							
15	吸烟部门数：							
16								
17								
18								
19								
20								
21		15						
22	是否为文本：							

图 2.30 吸烟情况调查表

【操作提示】

选中 B14 单元格，插入统计函数 COUNTBLANK，公式为：=COUNTBLANK(B3:E12)，函数 COUNTBLANK 用以统计区域内空白单元格的数量。

选中 B15 单元格，插入统计函数 COUNTIF ，公式为：=COUNTIF(B3:E12,"Y")，函数 COUNTIF 用以统计区域内满足条件（"Y"）的单元格数量。

（5）使用函数，对 Sheet2 中的 B21 单元格中的内容进行判断，判断其是否为文本，如果是，单元格填充为“TRUE”，如果不是，单元格填充为“FALSE”，并将结果保存在 Sheet2 中的 B22 单元格中。

【操作提示】

选中 B22 单元格，插入信息函数 ISTEXT，该函数用以判断指定单元格内容是否为文本类型，返回“TRUE”或“FALSE”，公式为：=ISTEXT(B21)。

（6）将 Sheet1 中的“采购情况表”复制到 Sheet3 中，对 Sheet3 进行高级筛选。要求：

筛选条件：“产品为白炽灯，商标为上海”；将结果保存在 Sheet3 中。

注意：

- 无需考虑是否删除或移动筛选条件。
- 复制过程中，将标题项“采购情况表”连同数据一同复制。
- 复制数据表后，粘贴时，数据表必须顶格放置。

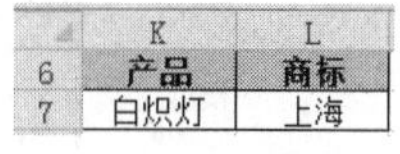

	K	L
6	产品	商标
7	白炽灯	上海

图 2.31 设置条件区域

【操作提示】

详细过程请参阅[案例 2.1]。注意先必须设置条件区域，如图 2.31 所示；筛选结果如图 2.32 所示。

	A	B	C	D	E	F	G	H
1	采购情况表							
2	产品	瓦数	命（小时	商标	单价	每盒数量	采购盒数	采购总额
3	白炽灯	200	3000	上海	4.50	4	3	54.00
7	白炽灯	80	1000	上海	0.20	40	3	24.00
14	白炽灯	10	800	上海	0.20	25	2	10.00
17	白炽灯	100	2000	上海	0.80	10	5	40.00
18	白炽灯	40	1000	上海	0.10	20	5	10.00

图 2.32 筛选结果

（7）根据 Sheet1 中的“采购情况表”，在 Sheet4 中创建一张数据透视表。要求如下：

- 显示不同商标的不同产品的采购数量。
- 行区域设置为“产品”。
- 列区域设置为“商标”。
- 数据区域为“采购盒数”。
- 求和项为“采购盒数”。

【操作提示】

详细过程请参阅[案例 2.1]。创建的数据透视表如图 2.33 所示。

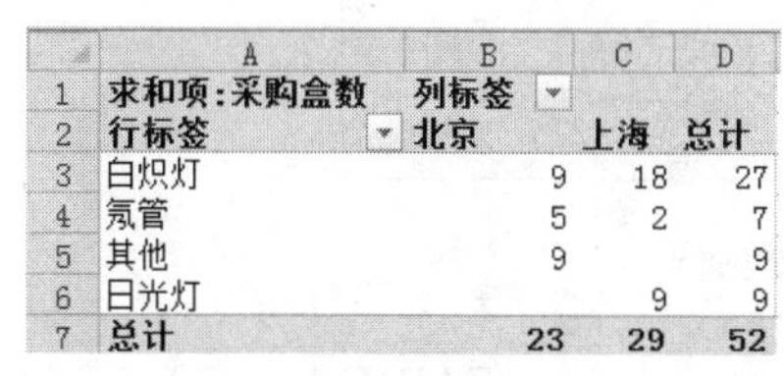

	A	B	C	D
1	求和项:采购盒数	列标签		
2	行标签	北京	上海	总计
3	白炽灯	9	18	27
4	氖管	5	2	7
5	其他	9		9
6	日光灯		9	9
7	总计	23	29	52

图 2.33 数据透视表

【案例 2.3】用户信息表

	A	B	C	D	E	F	G	H
1	姓 名	性 别	出生年月	年 龄	所在区域	原电话号码	升级后号码	是否>=40男性
2	王一	男	1967-6-15		西湖区	05716742801		
3	张二	女	1974-9-27		上城区	05716742802		
4	林三	男	1953-2-21		下城区	05716742803		
5	胡四	女	1986-3-30		拱墅区	05716742804		
6	吴五	男	1953-8-3		下城区	05716742805		
7	章六	女	1959-5-12		上城区	05716742806		

图 2.34　用户信息表

（1）使用时间函数，对 Sheet1 中用户的年龄进行计算，如图 2.34 所示。要求：假设当前时间是“2013-5-1”，结合用户的出生年月，计算用户的年龄，并将其计算结果保存在“年龄”列当中；计算方法为两个时间年份之差。

【操作提示】

选中 D2 单元格，在公式编辑栏直接输入：=YEAR(DATE(2013,5,1))-YEAR(C2)；或单击“插入函数”，选择“日期与时间”类别中的函数“YEAR”，打开“YEAR”函数参数对话框，如图 2.35 所示。

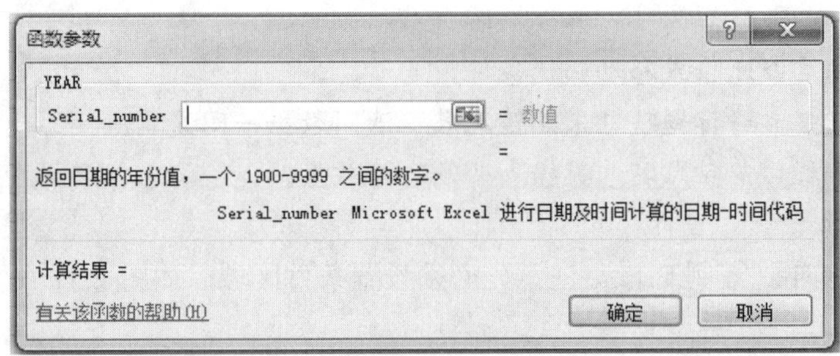

图 2.35　“YEAR”函数参数对话框

此时在参数栏可直接输入：DATE(2013,5,1)，也可以采用嵌套函数插入方法，步骤如下：先在公式编辑栏左侧单击下拉列表箭头，在列表或“其他函数”中找到 DATE 函数插入，打开“DATE 函数参数”对话框，如图 2.36 所示。

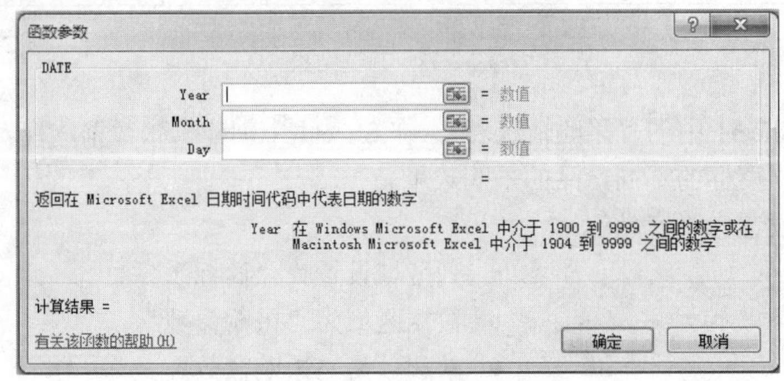

图 2.36　“DATE 函数参数”对话框

在参数栏依次输入 2013、5、1，单击“确定”，这时的公式为=YEAR(DATE(2013,5,1))，最后直接在公式编辑栏把后半部分补充完整即可。

（2）使用 REPLACE 函数，对 Sheet1 中用户的电话号码进行升级。要求：对“原电话号码”列中的电话号码进行升级，升级方法是在区号（0571）后面加上“8”，并将其计算结果保存在“升级电话号码”列的相应单元格中。

例如：电话号码“05716742808”升级后为“057186742808”。

【操作提示】

在 G2 单元格输入公式：=REPLACE(F2,5,0,8)，或公式：=REPLACE(F2,1,4,"05718")；双击填充柄填充数据。本例中的 REPLACE 实现将一个字符串中的部分字符用另一个字符串替换，是一个文本函数。

（3）在 Sheet1 中，使用 AND 函数，根据“性别”及“年龄”列中的数据，判断所有用户是否为大于等于 40 岁的男性，并将结果保存在“是否>=40 男性”列中。如果是，保存结果为 TRUE；否则，保存结果为 FALSE。

【操作提示】

在 H2 单元格输入（或插入）公式：=AND(B2="男",D2>=40)，双击填充柄填充数据。逻辑函数 AND 用来连接两个或两个以上的条件，当所有条件都成立时结果为 TRUE，否则，结果为 FALSE。

（4）根据 Sheet1 中的数据，对以下条件，使用统计函数进行统计，如图 2.37 所示。要求如下：

- 统计性别为“男”的用户人数，将结果填入 Sheet2 的 B2 单元格中。
- 统计年龄为“>40”岁的用户人数，将结果填入 Sheet2 的 B3 单元格中。

【操作提示】

选中 Sheet2 的 B2 单元格，插入统计函数 COUNTIF ，公式如下：

=COUNTIF(Sheet1!B2:B37,"男")

选中 Sheet2 的 B3 单元格，插入统计函数 COUNTIF ，公式如下：

=COUNTIF(Sheet1!D2:D37,">40")

（5）将 Sheet1 复制到 Sheet3，并对 Sheet3 进行高级筛选。要求：筛选条件为：“性别”为女，“所在区域”为西湖区；将筛选结果保存在 Sheet3 中。

注意：

- *无需考虑是否删除或移动筛选条件。*
- *复制数据表后，粘贴时，数据表必须顶格放置。*

【操作提示】

详细过程请参阅[案例 2.1]。注意先必须设置条件区域，如图 2.38 所示；筛选结果如图 2.39 所示。

	A	B
1	情　况	计算结果
2	男性用户数量：	
3	大于40岁用户数量：	

图 2.37　统计结果

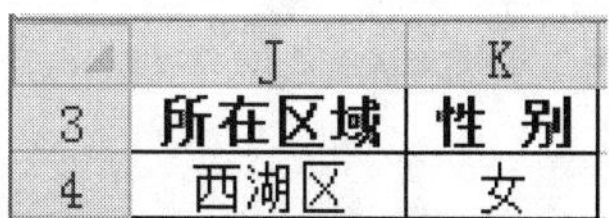

	J	K
3	所在区域	性 别
4	西湖区	女

图 2.38　设置条件区域

	A	B	C	D	E	F	G	H
1	姓 名	性 别	出生年月	年 龄	所在区域	原电话号码	升级后号码	是否>=40男性
10	韩九	女	1973-4-17	40	西湖区	05716742809	057186742809	FALSE
19	许九	女	1972-9-1	41	西湖区	05716742818	057186742818	FALSE
24	叶五	女	1970-7-19	43	西湖区	05716742823	057186742823	FALSE
28	郁九	女	1967-4-5	46	西湖区	05716742827	057186742827	FALSE

图 2.39　筛选结果

（6）根据 Sheet1 的结果，创建一个数据透视图，保存在 Sheet4 中。要求如下：

- 显示每个区域所拥有的用户数量。
- x 坐标设置为“所在区域”。
- 计数项为“所在区域”。
- 将对应的数据透视表保存在 Sheet4 中。

【操作提示】

单击 Sheet1“用户信息表”的任一单元格，选择“插入”/“数据透视表”中的“数据透视图”，打开“创建数据透视表及数据透视图”向导，其中“要分析的数据”已自动选中，将“放置数据透视表及数据透视图的位置”选择为“现有工作表”，并单击工作表标签“Sheet4”和 Sheet4 的 A1 单元格，如图 2.40 所示。

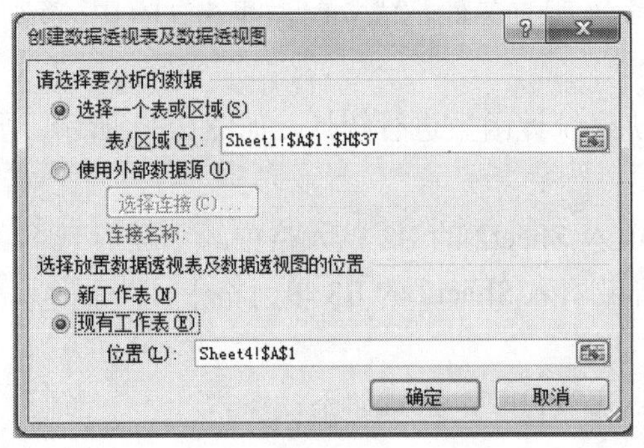

图 2.40　创建数据透视表及数据透视图

单击“确定”，进入数据透视表及数据透视图设计窗口；在“选择要添加到报表的字段”窗口，拖动“所在区域”至“轴字段（分类）”及“数值（计数项）”处，生成的数据透视表及数据透视图如图 2.41 所示。

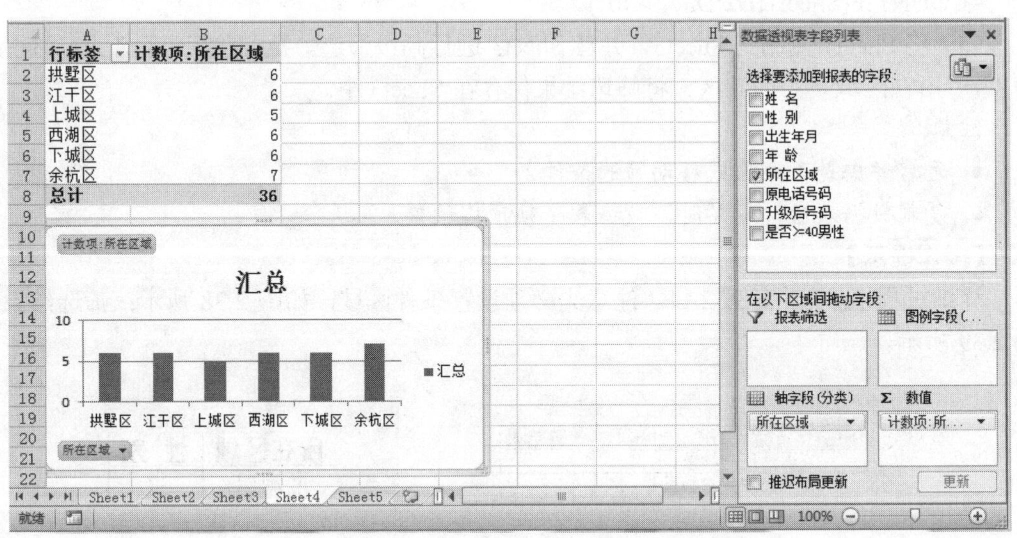

图 2.41　生成的数据透视表及数据透视图

2.4　Excel 案 例 练 习

【案例 2.4】教材订购情况表

	A	B	C	D	E	F	G	H	I
1	教材订购情况表								
2	客户	ISSN	教材名称	出版社	版次	作者	订数	单价	金额
3	c1	7-5600-5710-6	新编大学英语快速阅读3	外语教学与研究出版社	一版	编著者1	9855	23	
4	c1	7-04-513245-8	高等数学 下册	高等教育出版社	六版	编著者2	3700	25	
5	c1	7-04-813245-9	高等数学 上册	高等教育出版社	六版	编著者3	3500	24	
6	c1	7-04-414587-1	概率论与数理统计教程	高等教育出版社	四版	编著者4	1592	31	
7	c1	7-5341-1401-2	Visual Basic 程序设计教程	浙江科技出版社	一版	编著者5	1504	27	
8	c1	7-03-027426-7	大学信息技术基础	科学出版社	二版	编著者6	1249	18	
9	c1	7-03-012345-6	化工原理（下）	科学出版社	一版	编著者7	924	40	
10	c1	7-04-345678-0	电路	高等教育出版社	五版	编著者8	869	35	
11	c1	7-03-012346-8	化工原理(上)	科学出版社	一版	编著者9	767	38	
12	c1	7-300-05679-2	管理学（第七版中文）	中国人民大学出版社	一版	编著者10	585	55	
13	c1	7-121-02828-9	数字电路	电子工业出版社	一版	编著者11	555	34	
14	c1	7-04-021908-1	复变函数	高等教育出版社	四版	编著者12	540	29	
15	c1	7-04-001245-2	大学文科高等数学 1	高等教育出版社	一版	编著者13	518	26	
16	c1	7-81080-159-7	大学英语 快读 2	上海外语教育出版社	修订	编著者14	500	28	
17	c1	7-5341-1523-4	C程序设计基础	浙江科学技术出版社	一版	编著者15	500	30	
18	c2	7-04-015710-6	现代公关礼仪	高教	二版	编著者16	160	21	
19	c2	7-402-13245-8	社会保险	中国金融	二版	编著者17	160	25	
20	c2	7-300-54329-8	审计学	人民大学	五版	编著者18	146	26	

图 2.42　教材订购情况表（部分）

（1）使用数组公式，对 Sheet1 中的“教材订购情况表”（图 2.42）订购金额进行计算。将结果保存在该表的“金额”列当中；计算方法为：金额=订数*单价。

（2）使用统计函数，对 Sheet1 中“教材订购情况表”的结果按以下条件进行统计，并将结果保存在 Sheet1 中的相应位置，如图 2.43 所示。要求：统计出版社名称为“高等教育出版社”的书的种类数，并将结果保存在 Sheet1 中 L2 单元格中；统计订购数量大于 110 且小于 850 的书的种类数，并将结果保存在 Sheet1 中 L3 单元格中。

	K	L
1	统计情况	统计结果
2	出版社名称为“高等教育出版社”的书的种类数：	
3	订购数量大于110，且小于850的书的种类数：	
4		
5		
6	用户支付情况表	
7	用户	支付总额
8	c1	
9	c2	
10	c3	
11	c4	

图 2.43　统计和用户支付情况表

（3）使用函数，计算每个用户所订购图书所需支付的金额，并将结果保存在 Sheet1 中“用户支付情况表”的“支付总额”列中。

（4）将 Sheet1 中的“教材订购情况表”复制到 Sheet3 中，对 Sheet3 进行高级筛选。筛选条件为：“订数>=500，且金额<=30000”，将结果保存在 Sheet3 中。

注意：

- 无需考虑是否删除或移动筛选条件。
- 复制过程中，将标题项“教材订购情况表”连同数据一同复制。

- 复制数据表后，粘贴时，数据表必须顶格放置。
- 复制过程中，数据保持一致。

（5）根据 Sheet1 中的“教材订购情况表”，在 Sheet4 中创建一张数据透视表。要求如下：

- 显示每个客户在每个出版社所订的教材数目。
- 行区域设置为“出版社”。
- 列区域设置为“客户”。
- 数据区域为“订数”。
- 求和项为“订数”。

【操作提示】

（1）选中 I3:I52，输入公式：=G3:G52*H3:H52，按 Ctrl+Shift+Enter 组合键完成数组公式的计算。

（2）单击 L2 单元格，输入（或插入）公式：=COUNTIF(D3:D52,"高等教育出版社")，该公式的含义是：统计 D3:D52 区域内值为“高等教育出版社”的单元格数量。

单击 L3 单元格，输入（或插入）公式：=COUNTIF(G3:G52,">110")-COUNTIF(G3:G52,">=850")，即：订购数量大于 110 的种类数－订购数量大于等于 850 的种类数。

统计结果如图 2.44 所示。

统计情况	统计结果
出版社名称为“高等教育出版社”的书的种类数：	6
订购数量大于110，且小于850的书的种类数：	28

图 2.44　统计结果

（3）单击 L8，插入函数 SUMIF，输入函数的三个参数，依次表示要进行计算的单元格区域、条件、用于求和计算的实际单元格区域，如图 2.45 所示。

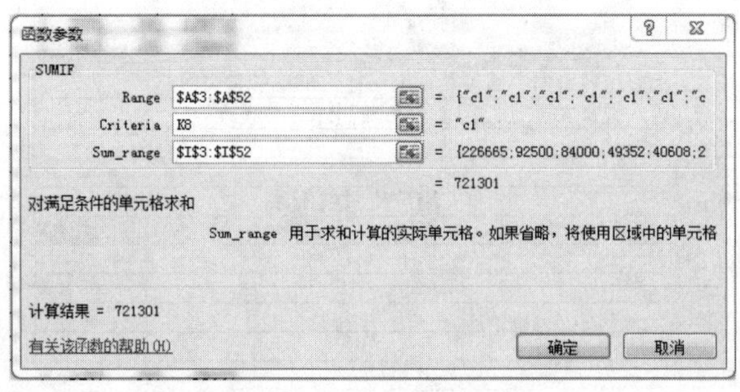

图 2.45　SUMIF 函数

输入的公式为=SUMIF($A$3:$A$52,K8,$I$3:$I$52)，注意绝对引用和相对引用地址的使用，最后双击 L8 填充柄完成数据填充，如图 2.46 所示。

用户支付情况表	
用户	支付总额
c1	721301
c2	53337
c3	65122
c4	71253

图 2.46　用户支付情况

（4）筛选结果如图 2.47 所示。

	A	B	C	D	E	F	G	H	I
1	教材订购情况表								
2	客户	ISSN	教材名称	出版社	版次	作者	订数	单价	金额
8	c1	7-03-027426-7	大学信息技术基础	科学出版社	二版	编著者6	1249	18	22482
11	c1	7-03-012346-8	化工原理（上）	科学出版社	一版	编著者9	767	38	29146
13	c1	7-121-02828-9	数字电路	电子工业出版社	一版	编著者11	555	34	18870
14	c1	7-04-021908-1	复变函数	高等教育出版社	四版	编著者12	540	29	15660
15	c1	7-04-001245-2	大学文科高等数学 1	高等教育出版社	一版	编著者13	518	26	13468
16	c1	7-81080-159-7	大学英语 快读 2	上海外语教育出版社	修订	编著者14	500	28	14000
17	c1	7-5341-1523-4	C程序设计基础	浙江科学技术出版社	一版	编著者15	500	30	15000
44	c3	7-5303-8878-0	国际贸易	中国金融出版社	05版	编著者42	645	35	22575
48	c4	7-402-15710-6	新编统计学原理	立信会计	二版	编著者46	637	32	20384
49	c4	7-04-113245-8	经济法（含学习卡）	高等教育	二版	编著者47	589	35	20615

图 2.47 筛选结果

（5）创建的数据透视表如图 2.48 所示。

	A	B	C	D	E	F
1	求和项:订数	列标签				
2	行标签	c1	c2	c3	c4	总计
3	北京航天			63		63
4	北京理工				421	421
5	电子工业出版社	555		71		626
6	东北财经大学出版社			75		75
7	复旦大学		106			106
8	高等教育				1061	1061
9	高等教育出版社	10719				10719
10	高教		509			509
11	华东师大			76		76
12	科学			203		203
13	科学出版社	2940				2940
14	立信会计				637	637
15	立信会计出版社			80		80
16	辽宁美术出版社			58		58
17	南京大学		240			240
18	清华大学		120			120
19	人民大学		721			721
20	人民卫生			366		366
21	上海外语教育出版社	500				500
22	天津人民美术出版社			58		58

Sheet1 Sheet2 Sheet3 Sheet4 Sheet5

数据透视表字段列表
选择要添加到报表的字段:
☑客户
☐ISSN
☐教材名称
☑出版社
☐版次
☐作者
☑订数
☐单价
☐金额
在以下区域间拖动字段:
报表筛选
列标签：客户
行标签：出版社
Σ 数值：求和项:订数
☐推迟布局更新 更新

图 2.48 数据透视表

【**案例 2.5**】采购表

	A	B	C	D	E	F
9	采购表					
10	项目	采购数量	采购时间	单价	折扣	合计
11	衣服	20	2008-1-12			
12	裤子	45	2008-1-12			
13	鞋子	70	2008-1-12			
14	衣服	125	2008-2-5			
15	裤子	185	2008-2-5			
16	鞋子	140	2008-2-5			
17	衣服	225	2008-3-14			
18	裤子	210	2008-3-14			
19	鞋子	260	2008-3-14			
20	衣服	385	2008-4-30			
21	裤子	350	2008-4-30			
22	鞋子	315	2008-4-30			

图 2.49 采购表（部分）

（1）使用 VLOOKUP 函数，对 Sheet1 中的商品单价（图 2.49）进行自动填充。要求：根据“价格表”（图 2.50）中的商品单价，利用 VLOOKUP 函数，将其单价自动填充到采购表中的“单价”列中。

	A	B	C	D	E	F	G
1	折扣表					价格表	
2	数量	折扣率	说明			类别	单价
3	0	0%	0-99件的折扣率			衣服	120
4	100	6%	100-199件的折扣率			裤子	80
5	200	8%	200-299件的折扣率			鞋子	150
6	300	10%	300件的折扣率				

图 2.50　折扣表和价格表

（2）使用逻辑函数，对 Sheet1 中的商品折扣率进行自动填充。要求：根据“折扣表”（图 2.50）中的商品折扣率，利用相应的函数，将其折扣率自动填充到采购表中的“折扣”列中。

	I	J	K
10	统计表		
11	统计类别	总采购量	总采购金额
12	衣服		
13	裤子		
14	鞋子		

图 2.51　统计表

（3）利用公式，计算 Sheet1 中的“合计”。要求：根据“采购数量”“单价”和“折扣”，计算采购的合计金额，计算公式：单价*采购数*（1－折扣率）。

（4）使用 SUMIF 函数，统计各种商品的采购总量和采购总金额，将结果保存在 Sheet1 中的“统计表”（图 2.51）当中。

（5）将 Sheet1 中的“采购表”复制到 Sheet2，对 Sheet2 进行高级筛选。

- 筛选条件为“采购数量”>150，“折扣率”>0。
- 将筛选结果保存在 Sheet2 中。

（6）根据 Sheet1 中的采购表，新建一张数据透视图，保存在 Sheet3 中。要求如下：

- 该图显示每个采购时间点所采购的所有项目数量汇总情况。
- X 坐标设置为“采购时间”。
- 求和项为采购数量。
- 将对应的数据透视表也保存在 Sheet3 中。

【操作提示】

（1）单击 D11 单元格，插入“查找与引用”函数 VLOOKUP，如图 2.52 所示，公式为=VLOOKUP(A11,$F$3:$G$5,2,FALSE)。其中第二个参数必须使用绝对引用地址；第四个参数为 FALSE，采用大致匹配，如果省略或为 TRUE，采用精确匹配，使用前必须先对“价格表”按类别升序排列。

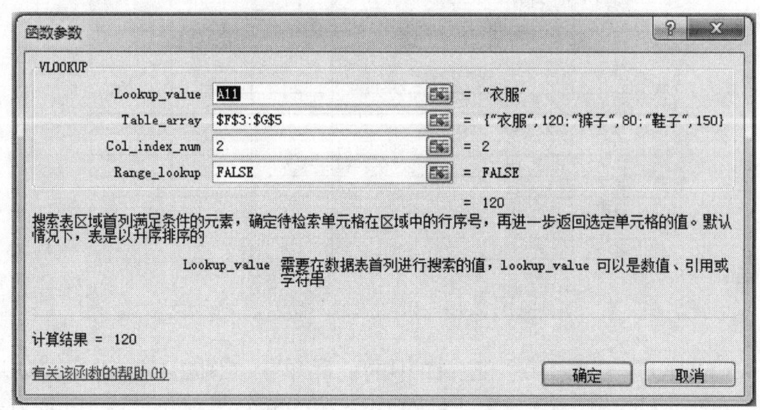

图 2.52　VLOOKUP 函数

如果“价格表”形式如图 2.53 所示，则需使用 HLOOKUP 函数，该函数搜索数组区域首行满足条件的元素，确定待检索单元格在区域中的列序号，再进一步返回选定单元格的值，如图 2.54 所示。

价格表			
类别	衣服	裤子	鞋子
单价	120	80	150

图 2.53 另一种形式的价格表

（2）单击 E11 单元格，可以直接输入或采用插入嵌套函数的方法输入公式，完整的公式为=IF(B11>=$A$6,$B$6,IF(B11>=$A$5,$B$5,IF(B11>=$A$4,$B$4,$B$3)))，再双击 E11 单元格填充柄填充数据。

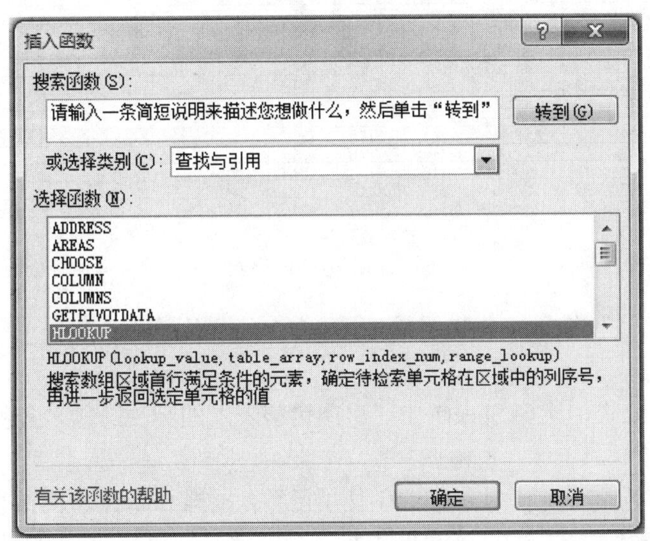

图 2.54 HLOOKUP 函数

（3）在 F11 单元格输入公式：=B11*D11*(1–E11)，再用填充柄填充数据，也可以使用数组公式实现。

（4）总采购量。在 J12 单元格输入公式：=SUMIF($A$11:$A$43,I12,$B$11:$B$43)，双击单元格填充柄填充数据。

总采购金额。在 K12 单元格输入公式：=SUMIF($A$11:$A$43,I12,$F$11:$F$43)，双击单元格填充柄填充数据。

计算结果如图 2.55 所示。

统计表		
统计类别	总采购量	总采购金额
衣服	2800	305424
裤子	2350	172720
鞋子	2195	303240

图 2.55 总采购量和总采购金额

（5）略。

（6）略。

【案例 2.6】房产销售表

	A	B	C	D	E	F	G	H	I	J	K
1	房产销售表										
2	姓名	联系电话	预定日期	楼号	户型	面积	单价	契税	房价总额	契税总额	销售人员
3	客户1	13557112358	2008-5-12	5-101	两室一厅	125.12	6821	1.50%			人员甲
4	客户2	13557112359	2008-4-15	5-102	三室两厅	158.23	7024	3%			人员丙
5	客户3	13557112360	2008-2-25	5-201	两室一厅	125.12	7125	1.50%			人员甲
6	客户4	13557112361	2008-1-12	5-202	三室两厅	158.23	7257	3%			人员乙
7	客户5	13557112362	2008-4-30	5-301	两室一厅	125.12	7529	1.50%			人员丙
8	客户6	13557112363	2008-10-23	5-302	三室两厅	158.23	7622	3%			人员丙
9	客户7	13557112364	2008-5-6	5-401	两室一厅	125.12	8023	1.50%			人员戊
10	客户8	13557112365	2008-6-17	5-402	三室两厅	158.23	8120	3%			人员戊
11	客户9	13557112366	2008-4-19	5-501	两室一厅	125.12	8621	1.50%			人员乙
12	客户10	13557112367	2008-4-27	5-502	三室两厅	158.23	8710	3%			人员甲
13	客户11	13557112368	2008-2-26	5-601	两室一厅	125.12	8925	1.50%			人员丙
14	客户12	13557112369	2008-7-8	5-602	三室两厅	158.23	9213				人员甲
15	客户13	13557112370	2008-9-25	5-701	两室一厅	125.12	9358	1.50%			人员乙
16	客户14	13557112371	2008-5-4	5-702	三室两厅	158.23	9458	3%			人员甲
17	客户15	13557112372	2008-9-16	5-801	两室一厅	125.12	9624	1.50%			人员乙
18	客户16	13557112373	2008-4-23	5-802	三室两厅	158.23	9810	3%			人员丙
19	客户17	13557112374	2008-5-6	5-901	两室一厅	125.12	9950	1.50%			人员甲
20	客户18	13557112375	2008-10-5	5-902	三室两厅	158.23	10250	3%			人员甲
21	客户19	13557112376	2008-7-26	5-1001	两室一厅	125.12	11235	1.50%			人员戊
22	客户20	13557112377	2008-9-18	5-1002	三室两厅	158.23	12548	3%			人员丁
23	客户21	13557112378	2008-7-23	5-1101	两室一厅	125.12	13658	1.50%			人员丙
24	客户22	13557112379	2008-1-5	5-1102	三室两厅	158.23	13562	3%			人员甲
25	客户23	13557112380	2008-4-6	5-1201	两室一厅	125.12	14521	1.50%			人员丙
26	客户24	13557112381	2008-5-26	5-1202	三室两厅	158.23	15400	3%			人员戊

图 2.56　房产销售表

（1）利用公式，计算 Sheet1 中“房产销售表”的房价总额，房价总额的计算公式为：“面积*单价”。

（2）使用数组公式，计算 Sheet1 中“房产销售表”的契税总额，契税总额的计算公式为：“契税*房价总额”。

	A	B	C
1	销售人员	销售总额	排名
2	人员甲		
3	人员乙		
4	人员丙		
5	人员丁		
6	人员戊		

图 2.57　Sheet2 中的统计表

（3）使用函数，根据 Sheet1 中的结果，统计每个销售人员的销售总额，将结果保存在 Sheet2 中的相应的单元格中，如图 2.57 所示。

（4）使用函数，根据 Sheet2 中“销售总额”列的结果，对每个销售人员的销售情况进行排序，并将结果保存在“排名”列当中。（若有相同排名，返回最佳排名。）

（5）将 Sheet1 中的“房产销售表”复制到 Sheet3 中，并对 Sheet3 进行高级筛选，要求如下：

- 筛选条件：“户型”为两室一厅，“房价总额”>1000000。
- 将结果保存在 Sheet3 中。

（6）根据 Sheet1 中“房产销售表”的结果，创建一张数据透视图，保存在 Sheet4 中。要求如下：

- 显示每个销售人员所销售房屋所缴纳契税总额汇总情况。
- x 坐标设置为“销售人员”。
- 数据区域设置为“契税总额”。
- 求和项设置为契税总额。
- 将对应的数据透视表也保存在 Sheet4 中。

【操作提示】

（1）=F3*G3，双击填充柄填充数据。

（2）数组公式：{=H3:H26*I3:I26}。

（3）=SUMIF(Sheet1!$K$3:$K$26,A2,Sheet1!$I$3:$I$26)。

（4）=RANK.EQ(B2,$B$2:$B$6)。

销售总额和排名情况如图 2.58 所示。

	A	B	C
1	销售人员	销售总额	排名
2	人员甲	11090135.91	1
3	人员乙	4601962.47	4
4	人员丙	9454153.84	2
5	人员丁	1985470.04	5
6	人员戊	6131130.56	3

图 2.58 销售总额和排名

（5）筛选结果如图 2.59 所示。

	A	B	C	D	E	F	G	H	I	J	K
1	房产销售表										
2	姓名	联系电话	预定日期	楼号	户型	面积	单价	契税	房价总额	契税总额	销售人员
9	客户7	13557112364	2008-5-6	5-401	两室一厅	125.12	8023	1.50%	1003837.76	15057.57	人员戊
11	客户9	13557112366	2008-4-19	5-501	两室一厅	125.12	8621	1.50%	1078659.52	16179.89	人员乙
13	客户11	13557112368	2008-2-26	5-601	两室一厅	125.12	8925	1.50%	1116696.00	16750.44	人员丙
15	客户13	13557112370	2008-9-25	5-701	两室一厅	125.12	9358	1.50%	1170872.96	17563.09	人员乙
17	客户15	13557112372	2008-9-16	5-801	两室一厅	125.12	9624	1.50%	1204154.88	18062.32	人员乙
19	客户17	13557112374	2008-5-6	5-901	两室一厅	125.12	9950	1.50%	1244944.00	18674.16	人员甲
21	客户19	13557112376	2008-7-26	5-1001	两室一厅	125.12	11235	1.50%	1405723.20	21085.85	人员戊
23	客户21	13557112378	2008-7-23	5-1101	两室一厅	125.12	13658	1.50%	1708888.96	25633.33	人员丙
25	客户23	13557112380	2008-4-6	5-1201	两室一厅	125.12	14521	1.50%	1816867.52	27253.01	人员丙

图 2.59 筛选结果

（6）创建的数据透视图（表）如图 2.60 和图 2.61 所示。

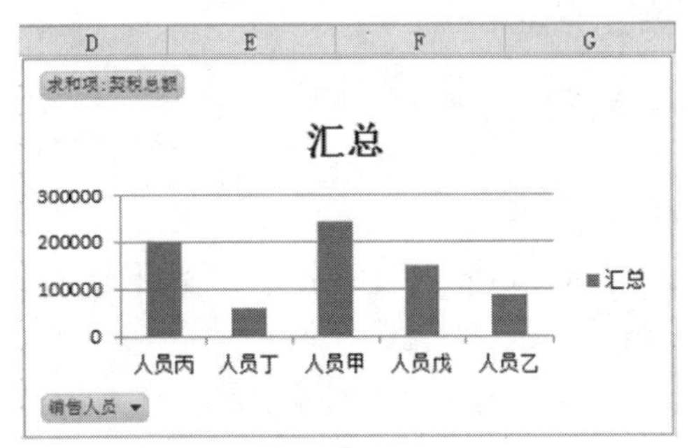

图 2.60 数据透视图

	A	B
1	行标签	求和项:契税总额
2	人员丙	199857.4008
3	人员丁	59564.1012
4	人员甲	244122.8748
5	人员戊	147790.5024
6	人员乙	86253.5637
7	总计	737588.4429

图 2.61 数据透视表

【案例 2.7】三科成绩表（图 2.62）

	A	B	C	D	E	F	G	H	I
1	学号	姓名	语文	数学	英语	总分	平均	排名	优等生
2	20041001	毛一	75	85	80				
3	20041002	杨二	68	75	64				
4	20041003	陈三	58	69	75				
5	20041004	陆四	94	90	91				
6	20041005	闻五	84	87	88				
7	20041006	曹六	72	68	85				
8	20041007	彭七	85	71	76				
9	20041008	傅八	88	80	75				

图 2.62 三科成绩表

（1）使用数组公式，对 Sheet1 计算总分和平均分，将计算结果保存到表中的“总分”列和“平均分”列当中。

（2）使用函数，根据 Sheet1 中的“总分”对每个同学排名情况进行统计，并将排名结果保存到表中的“排名”列当中。（若有相同排名，返回最佳排名。）

（3）使用逻辑函数判断 Sheet1 中每个同学的每门功课是否均高于全班单科平均分，如果是，保存结果为 TRUE，否则，保存结果为 FALSE，将结果保存在表中的“优等生”列当中。

（4）根据 Sheet1 中的结果，使用统计函数，统计“数学”考试成绩各个分数段的同学人数，将统计结果保存到 Sheet2 中的相应位置，如图 2.63 所示。

	A	B
1	统计情况	统计结果
2	数学分数大于等于0，小于20的人数：	
3	数学分数大于等于20，小于40的人数：	
4	数学分数大于等于40，小于60的人数：	
5	数学分数大于等于60，小于80的人数：	
6	数学分数大于等于80，小于等于100的人数：	

图 2.63　统计情况

（5）将 Sheet1 复制到 Sheet3 中，并对 Sheet3 进行高级筛选，要求如下：

- 筛选条件：“语文”>=75，“数学”>=75，“英语”>=75，“总分”>=250。
- 将结果保存在 Sheet3 中。

（6）根据 Sheet1 中的结果，在 Sheet4 中创建一张数据透视表，要求如下：

- 显示是否为优等生的学生人数汇总情况。
- 行区域设置为“优等生”。
- 数据区域设置为“优等生”。
- 计数项为“优等生”。

【操作提示】

（1）数组公式计算总分{=C2:C39+D2:D39+E2:E39}；数组公式计算平均分：{=F2:F39/3}。

（2）排名：=RANK.EQ(F2,$F$2:$F$39)。

（3）判断是否优等生：

=AND(C2>AVERAGE($C$2:$C$39),D2>AVERAGE($D$2:$D$39),E2>AVERAGE($E$2:$E$39))

（4）分数段统计，B2:B6 单元格中的公式分别为

=COUNTIF(Sheet1!$D$2:$D$39,"<20")

=COUNTIF(Sheet1!$D$2:$D$39,"<40")－B2

=COUNTIF(Sheet1!$D$2:$D$39,"<60")－B2－B3

=COUNTIF(Sheet1!$D$2:$D$39,"<80")－B2－B3－B4

=COUNTIF(Sheet1!$D$2:$D$39,"<=100")－COUNTIF(Sheet1!$D$2:$D$39,"<80")

统计结果如图 2.64 所示。

	A	B
1	统计情况	统计结果
2	数学分数大于等于0，小于20的人数：	0
3	数学分数大于等于20，小于40的人数：	0
4	数学分数大于等于40，小于60的人数：	2
5	数学分数大于等于60，小于80的人数：	15
6	数学分数大于等于80，小于等于100的人数：	21

图 2.64　分数段统计

（5）筛选结果如图 2.65 所示。

	A	B	C	D	E	F	G	H	I
1	学号	姓名	语文	数学	英语	总分	平均	排名	优等生
5	20041004	陆四	94	90	91	275	91.67	1	TRUE
6	20041005	闻五	84	87	88	259	86.33	5	TRUE
11	20041010	周十	94	87	82	263	87.67	4	TRUE
13	20041012	吕十二	81	83	87	251	83.67	10	TRUE
19	20041018	程十八	94	89	91	274	91.33	2	TRUE
20	20041019	黄十九	82	87	88	257	85.67	7	TRUE
27	20041026	万二六	81	83	89	253	84.33	9	TRUE
33	20041032	赵三二	94	90	88	272	90.67	3	TRUE
34	20041033	罗三三	84	87	83	254	84.67	8	TRUE
39	20041038	张三八	94	82	82	258	86.00	6	TRUE

图 2.65 筛选结果

（6）创建的数据透视表如图 2.66 所示。

	A	B
1	行标签	计数项:优等生
2	FALSE	27
3	TRUE	11
4	总计	38

图 2.66 数据透视表

【**案例 2.8**】停车情况记录表

	A	B	C	D	E	F	G
7	停车情况记录表						
8	车牌号	车型	单价	入库时间	出库时间	停放时间	应付金额
9	浙A12345	小汽车		8:12:25	11:15:35		
10	浙A32581	大客车		8:34:12	9:32:45		
11	浙A21584	中客车		9:00:36	15:06:14		
12	浙A66871	小汽车		9:30:49	15:13:48		
13	浙A51271	中客车		9:49:23	10:16:25		
14	浙A54844	大客车		10:32:58	12:45:23		
15	浙A56894	小汽车		10:56:23	11:15:11		
16	浙A33221	中客车		11:03:00	13:25:45		
17	浙A68721	小汽车		11:37:26	14:19:20		
18	浙A33547	大客车		12:25:39	14:54:33		

图 2.67 停车情况记录表

（1）使用 HLOOKUP 函数，对 Sheet1“停车情况记录表”中的“单价”进行自动填充。要求：根据 Sheet1 中的“停车价目表”价格，如图 2.68 所示，利用 HLOOKUP 函数对“停车情况记录表”中的“单价”列根据不同的车型进行自动填充。

	A	B	C
1	停车价目表		
2	小汽车	中客车	大客车
3	5	8	10

图 2.68 停车价目表

注意：函数中如果需要用到绝对地址的请使用绝对地址进行计算，其他方式无效。

（2）在 Sheet1 中，使用数组公式计算汽车在停车库中的停放时间，要求如下：

- 计算方法为“停放时间=出库时间－入库时间”。
- 格式为“小时：分钟：秒”。
- 例如一小时十五分十二秒在停放时间中的表示为：“1：15：12”。

（3）使用函数公式，计算停车费用，要求：根据停放时间的长短计算停车费用，将计算结果填入到“应付金额”列中。

- 停车按小时收费，对于不满一个小时的按一个小时计费。

- 对于超过整点小时数十五分钟的多累积一个小时（例如 1 小时 23 分，将以 2 小时计费）。

（4）使用统计函数，对 Sheet1 中的“停车情况记录表”根据下列条件进行统计并填入相应单元格，如图 2.69 所示，要求如下：

- 统计停车费用大于等于 40 元的停车记录条数。
- 统计最高的停车费用。

	I	J
7	统计情况	统计结果
8	停车费用大于等于40元的停车记录条数：	
9	最高的停车费用：	

图 2.69　统计情况表

（5）将 Sheet1 的“停车情况记录表”复制到 Sheet2，对 Sheet2 进行高级筛选，要求：筛选条件：“车型”为小汽车，“应付金额”>=30；将结果保存在 Sheet2 中。

（6）根据 Sheet1“停车情况记录表”，创建数据透视图，保存在 Sheet3 中，要求如下：

- 显示各种车型所收费用的汇总。
- x 坐标设置为“车型”。
- 求和项为“应付金额”。
- 将对应的数据透视表保存在 Sheet3 中。

【操作提示】

（1）查找与引用函数：=HLOOKUP(B9,$A$2:$C$3,2,FALSE)。

（2）数组公式：{=E9:E39-D9:D39}。

（3）计算应付金额：=IF(HOUR(F9)<1,1,IF(MINUTE(F9)<15,HOUR(F9),HOUR(F9)+1))*C9。

（4）停车费用大于等于 40 元的停车记录条数：=COUNTIF(G9:G39,">=40")；最高的停车费用：=MAX(G9:G39)。

（5）筛选结果如图 2.70 所示。

	A	B	C	D	E	F	G
1	停车情况记录表						
2	车牌号	车型	单价	入库时间	出库时间	停放时间	应付金额
6	浙A66871	小汽车	5	09:30:49	15:13:48	05:42:59	30
19	浙A56587	小汽车	5	15:35:42	21:36:14	06:00:32	30

图 2.70　筛选结果

（6）创建的数据透视图（表）如图 2.71 和图 2.72 所示。

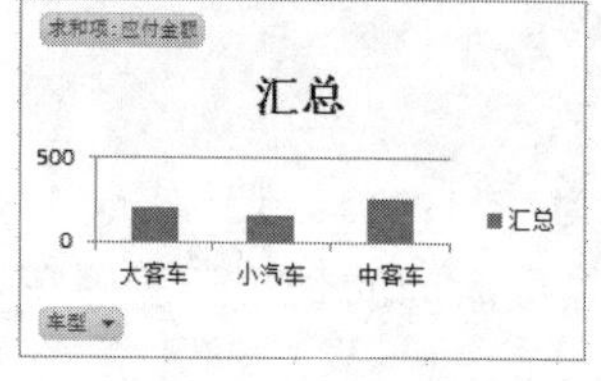

图 2.71　数据透视图

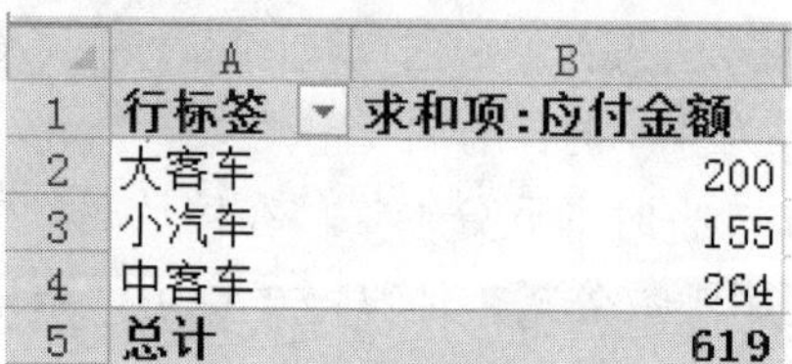

	A	B
1	行标签	求和项:应付金额
2	大客车	200
3	小汽车	155
4	中客车	264
5	总计	619

图 2.72　数据透视表

【案例 2.9】通信费年度计划表

	A	B	C	D	E	F	G	H	I
1	通信费年度计划表								
2	预算总金额（元）：			金额（大写）：					
3	员工编号	姓名	岗位类别	岗位标准	起始时间	截止时间	预计报销总时间	年度费用	报销地点
4	A001	蒋一	副经理		2004年6月	2005年6月			上海
5	A002	刘二	业务总监		2004年7月	2005年5月			北京
6	A003	马三	销售部		2004年6月	2005年5月			长沙
7	A004	张四	服务部		2004年8月	2005年7月			北京
8	A005	许五	商品生产		2004年4月	2005年1月			深圳
9	A006	陈六	技术研发		2004年6月	2005年9月			武汉
10	A007	侯七	总经理		2004年5月	2005年4月			青岛
11	A008	虞八	采购部		2004年9月	2005年3月			上海
12	A009	刘九	技术研发		2004年4月	2005年3月			北京

图 2.73 通信费年度计划表（部分）

（1）在 Sheet1 中，使用条件格式将“岗位类别”列中单元格数据按下列要求显示：

- 数据为“副经理”的单元格中字体颜色设置为红色、加粗显示。
- 数据为“服务部”的单元格中字体颜色设置为蓝色、加粗显示。

（2）使用 VLOOKUP 函数，根据 Sheet1 中“岗位最高限额明细表”（图 2.74），填充“通信费年度计划表”中“岗位标准”列。

（3）使用 INT 函数，计算 Sheet1 中“通信费年度计划表”的“预计报销总时间”列。要求如下：

- 每月以 30 天计算。
- 将结果填充在“预计报销总时间”列中。

（4）使用数组公式，计算 Sheet1 中“通信费年度计划表”的“年度费用”列。计算方法为：年度费用=岗位标准*预计报销总时间。

	K	L
3	岗位最高限额明细	
4	岗位	最高限额（元）
5	副经理	1500
6	采购部	1000
7	销售部	2000
8	商品生产	600
9	技术研发	200
10	服务部	1800
11	业务总监	1200
12	总经理	2500

图 2.74 岗位最高限额明细表

（5）根据 Sheet1 中“通信费年度计划表”的“年度费用”列，计算预算总金额。要求如下：

- 使用函数计算并将结果保存在 Sheet1 的 C2 单元格中。
- 根据 C2 单元格的结果，转换为金额大写形式，保存在 Sheet1 的 F2 单元格中。

（6）将 Sheet1 中的“通信费年度计划表”复制到 Sheet2 中，并对 Sheet2 进行自动筛选。要求如下：

- 筛选条件为：“岗位类别”为技术研发，“报销地点”为武汉。
- 将筛选结果保存在 Sheet2 中。

（7）根据 Sheet1 中的“通信费年度计划表”，在 Sheet3 中新建一张数据透视表。要求如下：

- 显示不同报销地点不同岗位的年度费用情况。
- 行区域设置为“报销地点”。
- 列区域设置为“岗位类别”。
- 数据区域设置为“年度费用”。
- 求和项为年度费用。

【操作提示】

（1）略。

（2）=VLOOKUP(C4,$K$5:$L$12,2,FALSE)。

（3）=INT((F4-E4)/30)。

（4）{=D4:D26*G4:G26}。

（5）选中 Sheet1 的 C2 单元格，输入公式：=SUM(H4:H26)。

选中 Sheet1 的 F2 单元格，输入公式：=C2，设置 F2 单元格格式，单击“数字”中的“特殊”分类，选择“中文大写数字”，如图 2.75 所示。

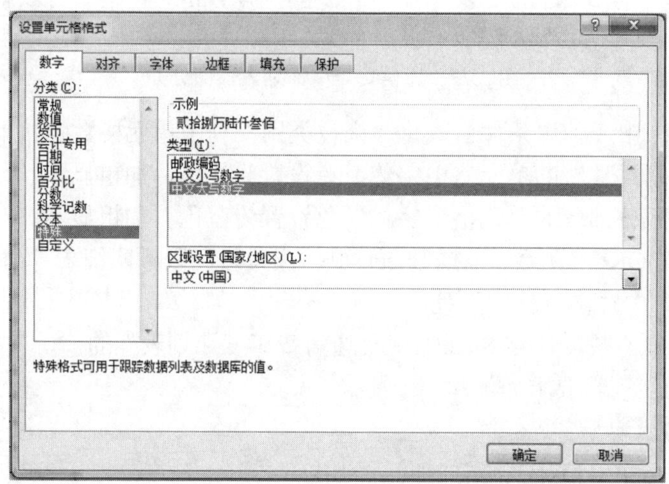

图 2.75　设置 F2 单元格格式

显示结果如图 2.76 所示。

1	通信费年度计划表								
2	预算总金额（元）：		286300	金额(大写)：		贰拾捌万陆仟叁佰			
3	员工编号	姓名	岗位类别	岗位标准	起始时间	截止时间	预计报销总时间	年度费用	报销地点

图 2.76　预算总金额

（6）选中 Sheet1 中的“通信费年度计划表”（连同标题和表头行），复制/粘贴到 Sheet2 中，粘贴时选择“值”选项，并对标题和表头行格式进行适当的设置；或将标题表头部分与数据部分分别进行复制/粘贴，数据部分粘贴时选择“值”选项。

选中第三行（表头字段），单击“数据”/“筛选”，在相应的字段下拉列表中设置筛选条件，完成自动筛选，如图 2.77 所示。

	A	B	C	D	E	F	G	H	I
1	通信费年度计划表								
2	预算总金额（元）：		286300	金额(大写)：		贰拾捌万陆仟叁佰			
3	员工编号	姓名	岗位类别	岗位标准	起始时间	截止时间	预计报销总时间	年度费用	报销地点
9	A006	陈六	技术研发	200	2004年6月	2005年9月	16	3200	武汉
20	A017	任十七	技术研发	200	2004年12月	2005年9月	10	2000	武汉
25	A022	李二二	技术研发	200	2004年6月	2005年1月	8	1600	武汉

图 2.77　自动筛选结果

（7）创建的数据透视表如图 2.78 所示。

	A	B	C	D	E	F	G	H	I	J
1	求和项:年度费用	岗位类别								
2	报销地点	采购部	服务部	副经理	技术研发	商品生产	销售部	业务总监	总经理	总计
3	北京	9000	48600		2200			13200		73000
4	长沙		23400				24000			47400
5	杭州	18000		15000						33000
6	青岛							10800	47500	58300
7	上海	7000		19500	1400					27900
8	深圳			16500		6000				22500
9	武汉		10800		6800	6600				24200
10	总计	34000	82800	51000	10400	12600	24000	24000	47500	286300

图 2.78 数据透视表

【**案例 2.10**】温度情况表

	A	B	C	D	E
1	温度情况表				
2	日期	杭州平均气温	上海平均气温	温度较高的城市	相差温度值
3	1	20	18		
4	2	18	19		
5	3	19	17		
6	4	21	18		
7	5	19	20		
8	6	22	21		
9	7	19	18		
10	8	20	19		
11	9	21	20		
12	10	18	19		
13	11	21	20		
14	12	22	20		
15	13	23	22		
16	14	24	25		
17	15	25	21		
18					
19		杭州最高气温：			
20		杭州最低气温：			
21		上海最高气温：			
22		上海最低气温：			

图 2.79 温度情况表

（1）使用 IF 函数，对 Sheet1 中的“温度较高的城市”列进行自动填充，填充结果为城市名称。

（2）使用数组公式，对 Sheet1 中的相差温度值（杭州相对于上海的温差）进行填充。计算方法：相差温度值=杭州平均气温–上海平均气温。

（3）使用函数，根据 Sheet1 中的结果，对符合以下条件的进行统计：

- 杭州这半个月以来的最高温度和最低温度。
- 上海这半个月以来的最高温度和最低温度。

（4）将 Sheet1 中的“温度情况表”复制到 Sheet2 中，在 Sheet2 中，重新编辑数组公式，将 Sheet2 中的“相差的温度值”中的数值取其绝对值（均为正数）。

（5）将 Sheet2 中的“温度情况表”复制到 Sheet3 中，并对 Sheet3 进行高级筛选，要求：筛选条件：“杭州平均气温”>=20，“上海平均气温”<20。

（6）根据 Sheet1 中“温度情况表”的结果，在 Sheet4 中创建一张数据透视表，要求如下：

- 显示温度较高天数的汇总情况。
- 行区域设置为“温度较高的城市”。

- 数据区域设置为“温度较高的城市”。
- 计数项设置为温度较高的城市。

【操作提示】

（1）=IF(B3>C3,"杭州","上海")。

（2）{=B3:B17-C3:C17}。

（3）=MAX(B3:B17)、=MIN(B3:B17)，=MAX(C3:C17)、=MIN(C3:C17)。

（4）{=ABS(B3:B17-C3:C17)}。

（5）筛选结果如图 2.80 所示。

（6）创建的数据透视表如图 2.81 所示。

	A	B	C	D	E
1	温度情况表				
2	日期	杭州平均气温	上海平均气温	温度较高的城市	相差温度值
3	1	20	18	杭州	2
6	4	21	18	杭州	3
10	8	20	19	杭州	1

图 2.80 筛选结果

	A	B
1	行标签	计数项:温度较高的城市
2	杭州	11
3	上海	4
4	总计	15

图 2.81 数据透视表

【案例 2.11】图 2.82 为员工信息表

	A	B	C	D	E	F	G	H	I	J	K
1	员工信息表										
2	员工姓名	员工代码	升级员工代码	性别	出生年月	年龄	参加工作时间	工龄	职称	岗位级别	是否有资格评选高级工程师
3	毛一	PA103		女	1977年12月		1995年8月		技术员	2级	
4	杨二	PA125		女	1978年2月		2000年8月		助工	5级	
5	陈三	PA128		男	1963年11月		1987年11月		助工	5级	
6	陆四	PA212		女	1976年7月		1997年8月		助工	5级	
7	闻五	PA216		男	1963年12月		1987年12月		高级工程师	8级	
8	曹六	PA313		男	1982年10月		2006年5月		技术员	1级	
9	彭七	PA325		女	1960年3月		1983年3月		高级工	5级	
10	傅八	PA326		女	1969年1月		1987年1月		技术员	3级	
11	钟九	PA327		男	1956年12月		1980年12月		技工	3级	
12	周十	PA329		女	1970年4月		1992年4月		助工	5级	

图 2.82 员工信息表

（1）使用 REPLACE 函数，对 Sheet1 中的员工代码进行升级，要求如下：

- 升级方式：在 PA 后面加上 0。
- 将升级后的员工代码结果填入表中的“升级员工代码”列中。
- 例如：PA125，修改后为 PA0125。

（2）使用时间函数，对 Sheet1 中员工的“年龄”和“工龄”进行计算，并将结果填入到表中的“年龄”列和“工龄”列中。假设当前时间为“2013-05-01”，计算方法为两年份之差。

	M	N
2	统计条件	统计结果
3	男性员工人数：	
4	高级工程师人数：	
5	工龄大于等于10年的人数：	

图 2.83 统计表

（3）使用统计函数，对 Sheet1 中的数据，根据以下统计条件进行统计，并将统计结果填入统计表中相应的单元格（图 2.83）。

- 统计男性员工的人数，结果填入 N3 单元格中。
- 统计高级工程师人数，结果填入 N4 单元格中。
- 统计工龄大于等于 10 的人数，结果填入 N5 单元格中。

（4）使用逻辑函数，判断员工是否有资格评“高级工程师”。评选条件为：工龄大于 20，且为工程师的员工；结果为 True 或 False。

（5）将 Sheet1 的“员工信息表”复制到 Sheet2 中，并对 Sheet2 进行高级筛选，要求如下：

- 筛选条件为：“性别”为男，“年龄”>30，“工龄”>=10，“职称”为助工。
- 将结果保存在 Sheet2 中。

（6）根据 Sheet1 中的数据，创建数据透视图，保存在 Sheet3 中。要求如下：

- 显示工厂中各种职称人数的汇总情况。
- X 坐标设置为“职称”。
- 计数项为职称。
- 将对应的数据透视表保存在 Sheet3 中。

【操作提示】

（1）=REPLACE(B3,3,0,0)。

（2）年龄：=2013−YEAR(E3)，工龄：=2013−YEAR(G3)。设置单元格格式为数值，小数 0 位，双击填充柄填充数据。

（3）=COUNTIF(D3:D66,"男")，=COUNTIF(I3:I667,"高级工程师")，=COUNTIF(H3:H66,">=10")。

（4）=AND(H3>20,I3="工程师")。

（5）筛选结果如图 2.84 所示。

	A	B	C	D	E	F	G	H	I	J	K
1	员工信息表										
2	员工姓名	员工代码	升级员工代码	性别	出生年月	年龄	参加工作时间	工龄	职称	岗位级别	是否有资格评选高级工程师
5	陈三	PA128	PA0128	男	1963年11月	50	1987年11月	26	助工	5级	FALSE
17	刘十五	PA405	PA0405	男	1979年3月	34	2000年8月	13	助工	5级	FALSE
20	程十八	PA602	PA0602	男	1974年1月	39	1992年8月	21	助工	5级	FALSE
36	张三四	PA225	PA0225	男	1964年12月	49	1988年8月	25	助工	5级	FALSE
41	董三九	PA306	PA0306	男	1973年1月	40	1991年8月	22	助工	5级	FALSE
45	蔡一一	PA725	PA0725	男	1969年9月	44	1992年9月	21	助工	5级	FALSE
47	孙三	PA803	PA0803	男	1970年1月	43	1992年9月	21	助工	5级	FALSE
55	成三	PA829	PA0829	男	1968年4月	45	1988年4月	25	助工	4级	FALSE
64	陈九八	PA922	PA0922	男	1976年7月	37	1997年8月	16	助工	4级	FALSE

图 2.84 筛选结果

（6）创建的数据透视图（表）如图 2.85 和图 2.86 所示。

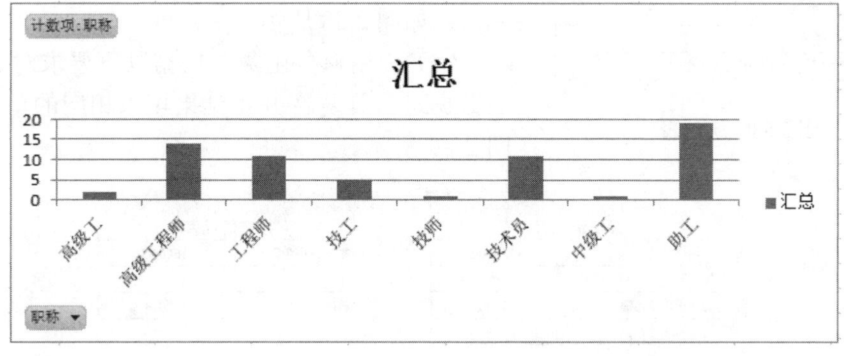

图 2.85 数据透视图

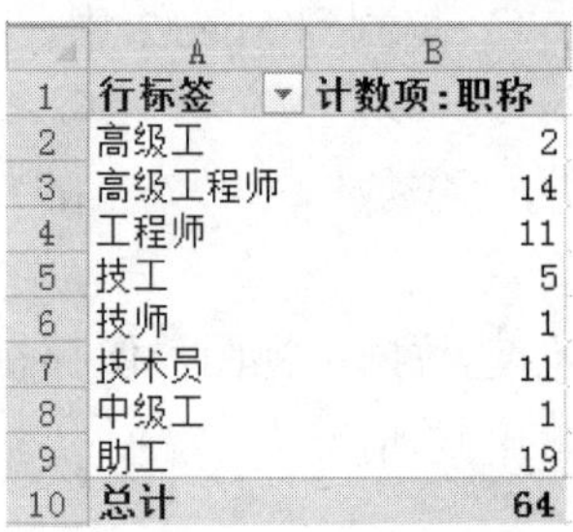

	A	B
1	行标签	计数项:职称
2	高级工	2
3	高级工程师	14
4	工程师	11
5	技工	5
6	技师	1
7	技术员	11
8	中级工	1
9	助工	19
10	总计	64

图 2.86 数据透视表

【案例 2.12】学生成绩表

	A	B	C	D	E	F	G	H	I	J
1						学生成绩表				
2	学号	姓名	级别	单选题	判断题	windows操作题	Excel操作题	PowerPoint操作题	IE操作题	总分
3	085200711030041	王一		2	8	20	12	15	15	
4	085200821023080	张二		4	6	9	8	18	17	
5	085200811024034	林三		2	5	11	12	16	5	
6	085200821024035	胡四		8	9	20	20	19	17	
7	085200811024040	吴五		8	2	9	20	17	13	
8	085200831024044	章六		4	4	15	20	11	10	
9	085200811024053	陆七		4	6	7	16	13	6	
10	085200831024054	苏八		1	5	13	8	11	1	

图 2.87 学生成绩表（部分）

（1）使用数组公式，根据 Sheet1 中“学生成绩表”的数据，计算考试总分，并将结果填入到“总分”列中。计算方法：总分=单选题+判断题+Windows 操作题+Excel 操作题+PowerPoint 操作题+IE 操作题。

（2）使用文本函数，在 Sheet1 中，利用“学号”列的数据，根据以下要求获得考生所考级别，并将结果填入“级别”列中。要求如下：

- 学号中的第八位表示考生所考级别，例如：“085200821023080”中的“2”标识了该考生所考级别为二级。
- 在“级别”列中，填入的数据是函数的返回值。

（3）使用统计函数，根据以下要求对 Sheet1 中“学生成绩表”的数据进行统计，并将结果填入相应的单元格，如图 2.88 所示。

	L	M	N
1	统计表		
2	考1级的考生人数：		
3	考试通过人数（>=60）：		
4	全体1级考生的考试平均分：		

图 2.88 统计表

（4）使用财务函数，根据以下要求对 Sheet2 中的数据进行计算，并将结果填入相应的单元格，如图 2.89 所示。

	A	B	C	D	E
1	投资情况表1			投资情况表2	
2	先投资金额：	-1000000		每年投资金额：	-1500000
3	年利率：	5%		年利率：	10%
4	每年再投资金额：	-10000		年限：	20
5	再投资年限：	10			
6					
7	10年以后得到的金额：			预计投资金额：	

图 2.89 投资情况表

（5）使用财务函数，根据以下要求对 Sheet2 中的数据进行计算，并将结果填入相应的单元格，如图 2.90 所示。

	A	B	C	D	E
12	固定资产情况表			计算折旧值情况表	
13	固定资产金额:	200000		第一天折旧值:	
14	资产残值:	10000		第一月折旧值:	
15	使用年限:	15		第一年折旧值:	

图 2.90　计算固定资产折旧值

【操作提示】

（1）数组公式：{=D3:D57+E3:E57+F3:F57+G3:G57+H3:H57+I3:I57}。

（2）文本函数：=MID(A3,8,1)，如图 2.91 所示。

	A	B	C	D	E	F	G	H	I	J
1	学生成绩表									
2	学号	姓名	级别	单选题	判断题	windows操作题	Excel操作题题	PowerPoint操作题	IE操作题	总分
3	085200711030041	王一	1	2	8	20	12	15	15	72
4	085200821023080	张二	2	4	6	9	8	18	17	62
5	085200811024034	林三	1	2	5	11	12	16	5	51
6	085200821024035	胡四	2	8	9	20	20	19	17	93
7	085200811024040	吴五	1	8	2	9	20	17	13	69
8	085200831024044	章六	3	4	4	15	20	11	10	64
9	085200811024053	陆七	1	4	6	7	16	13	6	52
10	085200831024054	苏八	3	1	5	13	8	11	1	39

图 2.91　学生成绩表结果（部分）

（3）三个公式分别如下：

- =COUNTIF(C3:C57,1)
- =COUNTIF(J3:J57,">=60")
- =AVERAGEIF(C3:C57,1,J3:J57)

统计结果如图 2.92 所示。

L	M	N
统计表		
考1级的考生人数:		34
考试通过人数（>=60）:		44
全体1级考生的考试平均分:		65.24

图 2.92　统计结果

（4）财务函数 FV。格式为：FV(rate,nper,pmt,pv,type)，函数功能：基于固定利率和等额分期付款方式，返回某项投资的未来值，公式为：=FV(B3,B5,B4,B2,0)

财务函数 PV。格式为：PV(rate,nper,pmt,fv,type)，函数功能：返回某项投资的一系列将来偿还额的当前总值（或一次性偿还额的现值），公式为：=PV(E3,E4,E2,0)。

计算结果如图 2.93 所示。

	A	B	C	D	E
1	投资情况表1			投资情况表2	
2	先投资金额:	-1000000		每年投资金额:	-1500000
3	年利率:	5%		年利率:	10%
4	每年再投资金额:	-10000		年限:	20
5	再投资年限:	10			
6					
7	10年以后得到的金额:	¥1,754,673.55		预计投资金额:	¥12,770,345.58

图 2.93　计算结果

（5）财务函数 DB：采用固定余额递减法，计算指定期间内某项固定资产的折旧值。一般公式为：DB(cost,salvage,life,period,month)，其中 cost 为资产原值；salvage 为资产在折旧期末的价值（也称为资产残值）；life 为折旧期限（有时也称作资产的使用寿命）；period 为需要计算折旧值的期间，period 必须使用与 life 相同的单位；month 为第一年的月份数，如省略，则假设为 12。

三个公式分别如下：

- =DB(B13,B14,B15*365,1)
- =DB(B13,B14,B15*12,1)
- =DB(B13,B14,B15,1)

计算结果如图 2.94 所示。

	A	B	C	D	E
12	**固定资产情况表**			**计算折旧值情况表**	
13	固定资产金额：	200000		第一天折旧值：	¥200.00
14	资产残值：	10000		第一月折旧值：	¥3,400.00
15	使用年限：	15		第一年折旧值：	¥36,200.00

图 2.94 计算结果

常用的财务函数还包括：IPMT、PMT、SLN 等。

IPMT：返回在定期偿还、固定利率条件下给定期次内某项投资回报（或贷款偿还）的利息部分，格式为 IPMT(rate,per,nper,pv,fv,type)。例如某人向银行贷款 100000 元买车，采用等额还款，年限为 8 年，贷款年利率为 5.94%，公式 IPMT(5.94%/12,1,8*12, 100000,0,0) 求得的是第一个月(月末)的贷款利息金额。

PMT：计算在固定利率下，贷款的等额分期偿还额，格式为 PMT(rate,nper,pv,fv,type)。例如 PMT(5.94%,8,100000,0,1)，求得贷款年利率为 5.94%，贷款年限为 8 年，贷款额为 100000，每年年初的应还款额。

SLN：返回固定资产的每期线性折旧费，格式为 SLN(cost,salvage,life)。例如某店铺拥有固定资产总值 50000 元，使用 10 年后的资产残值估计为 8000 元，每天固定资产的折旧值为 SLN(50000,8000,10*365)。

第 3 章 PowerPoint 2010

3.1 知识点概述

1. 制作幻灯片

（1）版式。版式是指幻灯片内容的排列方式和布局，常用的版式包括标题幻灯片、标题和内容等，如图 3.1 所示。新建幻灯片时可以为每一张指定合适的版式。

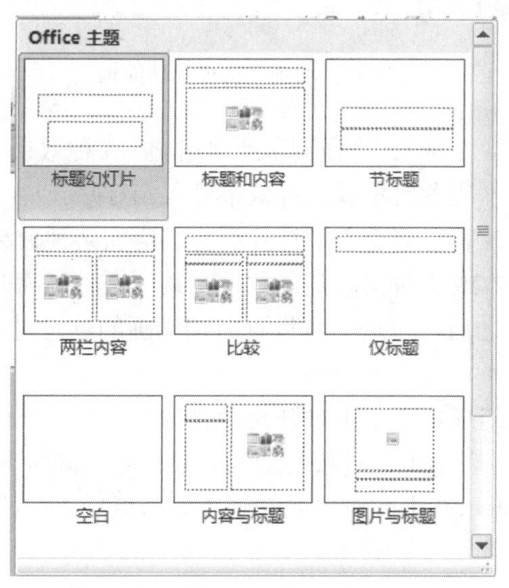

图 3.1 PowerPoint 2010 的版式

幻灯片上要显示的内容主要通过占位符来排列和布局，占位符是版式中的容器，可容纳如文本（包括正文文本、项目符号列表和标题）、表格、图表、SmartArt 图形、影片、声音、图片及剪贴画等。版式设计是幻灯片制作的重要环节。

（2）编辑文本。可选择在占位符、文本框或自选图形中输入文本。

（3）编辑图形元素。如插入图片、艺术字、SmartArt 图形、表格、图表等。

（4）插入多媒体元素。如插入音频和视频。

2. 幻灯片主题

幻灯片主题是主题颜色、主题字体和主题效果三者的结合。PowerPoint 提供了多种设计主题，如图 3.2 所示。主题协调使用配色方案、背景、字体样式和占位符位置。使用预先设计的主题，可以快速更改演示文稿的整体外观。主题可应用于所有幻灯片或应用于所选幻灯片。

图 3.2　幻灯片主题

3. 设置动画

通过对幻灯片上的文本、图片、声音、图像、图标和其他对象设置动画，使其产生动画效果。“动画”选项卡的功能组如图 3.3 所示。

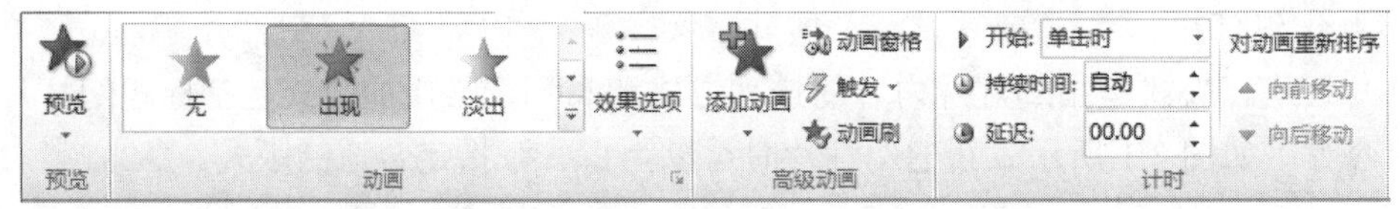

图 3.3　“动画”选项卡功能组

PowerPoint 的动画包括“进入”“强调”或“退出”3 种效果。

- “进入”表示使文本或者对象以某种效果进入幻灯片。
- “强调”表示文本或者对象进入幻灯片后为其增加某种效果。
- “退出”表示使文本或者对象以某种效果在某一个时刻离开幻灯片。

为对象添加动画效果之后，可进一步设置启动动画的触发时机等其他效果选项。开始动画效果的方法有 3 种：

- “单击时”表示在幻灯片上单击时开始播放动画。
- “与上一动画同时”表示上一对象的动画效果开始时同时开始这个对象的动画效果。
- “上一动画之后”表示在上一对象的动画效果结束后才开始播放此对象的动画效果。

4. 幻灯片切换

幻灯片切换效果是指在演示期间幻灯片进入和离开屏幕时产生的视觉效果，也称为换片方式。PowerPoint 允许控制切换效果的速度、添加声音及对切换效果的属性进行自定义。幻灯片切换效果可应用于所有幻灯片或应用于所选幻灯片。“切换”选项卡的功能组如图 3.4 所示。

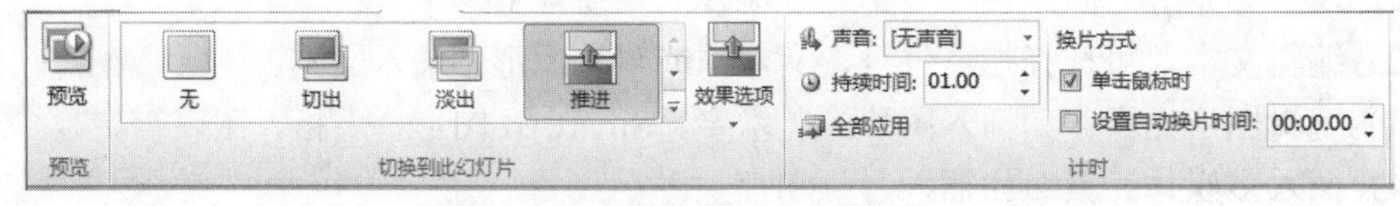

图 3.4　“切换”选项卡功能组

5. 幻灯片放映

PowerPoint 提供了 4 种开始幻灯片放映的方式：从头开始放映、从当前幻灯片开始放映、广播幻灯片、自定义幻灯片放映，如图 3.5 所示。

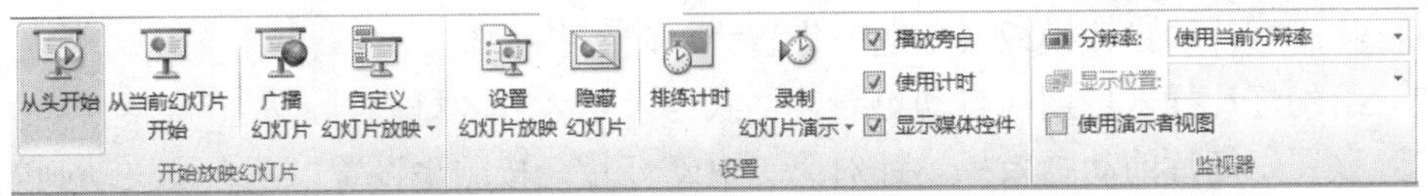

图 3.5　“幻灯片放映”选项卡功能组

在幻灯片放映之前，还可以设置幻灯片的放映方式，如设置放映类型、指定放映范围、设置放映选项和设置换片方式等。在“幻灯片放映”选项卡的“设置”功能组中单击“设置幻灯片放映”，将打开“设置放映方式”对话框，如图 3.6 所示。

设置放映方式
放映类型
演讲者放映(全屏幕)(P)
观众自行浏览(窗口)(B)
在展台浏览(全屏幕)(K)
放映幻灯片
全部(A)
从(F):　到(T):
自定义放映(C):
放映选项
循环放映，按 ESC 键终止(L)
放映时不加旁白(N)
放映时不加动画(S)
绘图笔颜色(E):
激光笔颜色(R):
换片方式
手动(M)
如果存在排练时间，则使用它(U)
多监视器
幻灯片放映显示于(O):
主要监视器
显示演示者视图(W)
若要在放映幻灯片时显示激光笔，请按住 Ctrl 键并按下鼠标左按钮。
确定　取消

图 3.6　“设置放映方式”对话框

3.2　PowerPoint 基本操作

【案例 3.1】

已有幻灯片（第一至五页），如图 3.7 所示。要求如下：

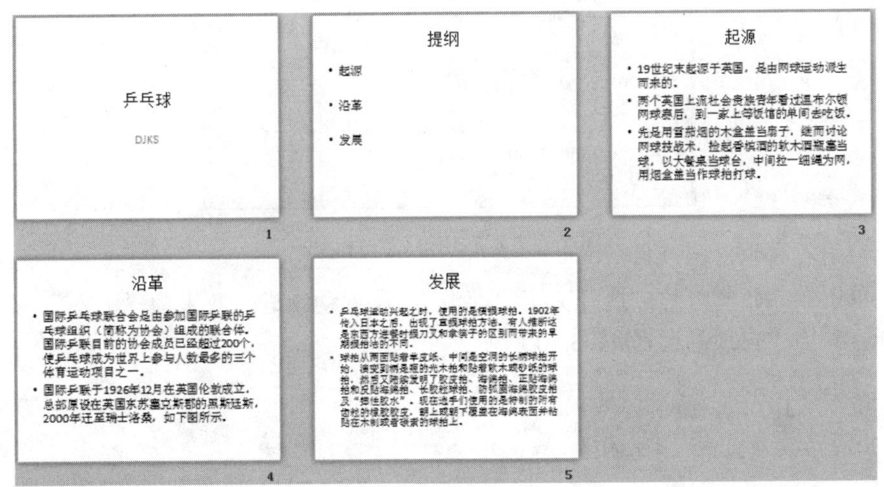

图 3.7　幻灯片（第一至五页）

（1）将幻灯片的设计模板（主题）设置为“暗香扑面”。

（2）给幻灯片插入日期（自动更新，格式为×年×月×日）。

（3）设置幻灯片的动画效果。针对第二页幻灯片，按顺序设置以下自定义动画效果：

- 将文本内容“起源”的进入效果设置成“自顶部 飞入”。
- 将文本内容“沿革”的强调效果设置成“彩色脉冲”。
- 将文本内容“发展”的退出效果设置成“淡出”。
- 在页面中添加“后退”（后退或前一项）与“前进”（前进或下一项）的动作按钮。

（4）按下面要求设置幻灯片的切换效果：

- 设置所有幻灯片的切换效果为“自左侧 推进”。
- 实现每隔 3 秒自动切换，也可以单击鼠标进行手动切换。

【操作提示】

（1）单击“设计”选项卡，在“主题”功能组中选择“暗香扑面”，默认应用于所有幻灯片，如图 3.8 所示。

图 3.8 “暗香扑面”主题（左起第三个）

（2）单击“插入”/“日期和时间”（注意光标不要位于任何占位符内），打开页眉和页脚对话框，勾选“日期和时间”（自动更新），选择日期和时间格式，如图 3.9 所示，单击“全部应用”。

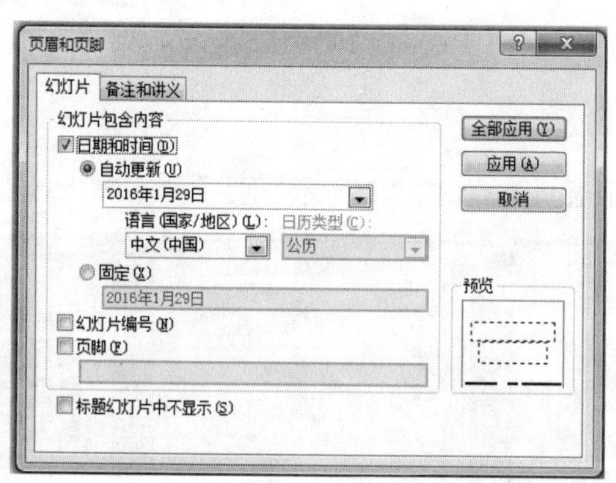

图 3.9 “页眉和页脚”对话框

（3）单击第二张幻灯片，选择文字“起源”，设置动画进入效果为“飞入”，在效果选项中选择方向为“自顶部”，如图 3.10 所示。

图 3.10 设置动画进入效果

选择文字“沿革”，设置强调效果为“彩色脉冲”，如图 3.11 所示。

图 3.11 设置强调效果

选择文字“发展”，设置退出效果为“淡出”，如图 3.12 所示。

图 3.12 设置退出效果

添加动作按钮：单击“插入”/“形状”，在“形状”下拉面板最下方找到动作按钮组，如图 3.13 所示。

图 3.13 动作按钮

选中第一个按钮（后退），在幻灯片上拖动鼠标画出该按钮，自动弹出“动作设置”对话框，如图 3.14 所示。使用默认设置（超链接到上一张幻灯片），单击“确定”。

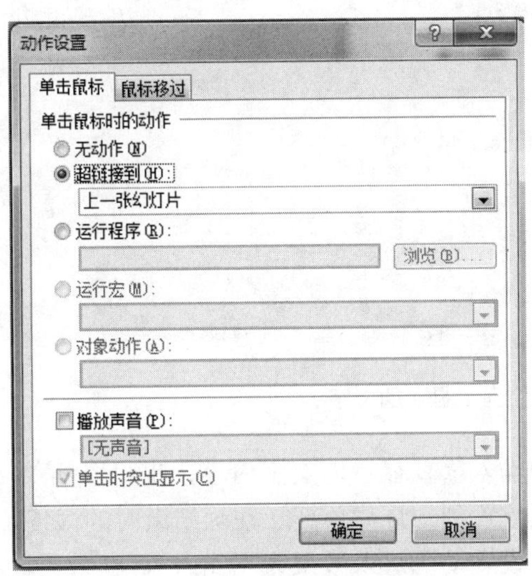

图 3.14 “动作设置”对话框

用同样的方法设置“前进”按钮，添加的动作按钮如图 3.15 所示。

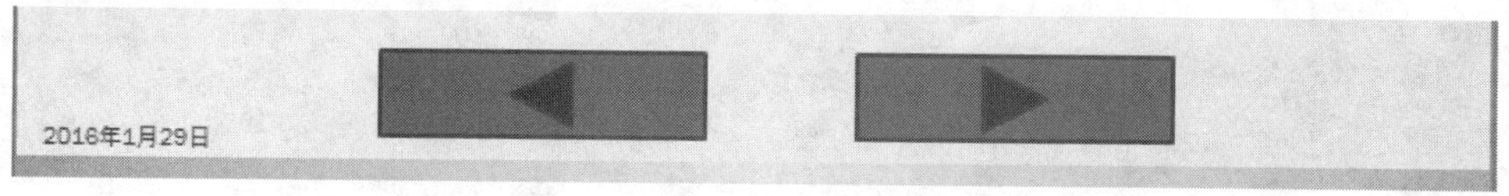

图 3.15　幻灯片上的动作按钮

（4）设置切换效果：选择“切换”选项卡，单击其中的“推进”，再选择效果选项中的“自左侧”，勾选换片方式并设置自动换片时间为 3 秒，最后单击“全部应用”，如图 3.16 所示。

图 3.16　设置切换效果

3.3　PowerPoint 效果设计

【案例 3.2】从底部垂直向上显示的文字

在幻灯片最后一页后，新增加一页，设计出如下效果，单击鼠标，文字从底部、垂直向上显示，默认设置，如图 3.17 所示。注意：字体、大小等，由考生自定。

【操作提示】

（1）单击最后一张幻灯片，在“开始”选项卡的幻灯片功能组中单击“新建幻灯片”，选择版式（仅标题），插入一张新幻灯片，如图 3.18 所示。

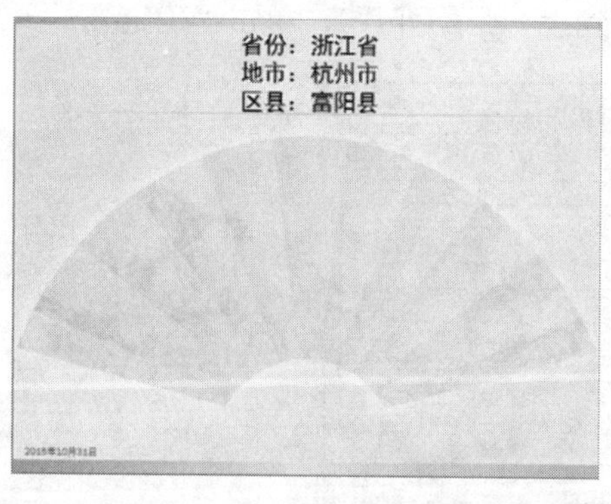

图 3.17　从底部垂直向上显示的文字

图 3.18　新幻灯片

（2）在标题占位符中输入需要显示的文字内容，也可以插入文本框，在文本框中输入文字；将占位符或文本框放置到幻灯片顶部（动画结束时的最终位置）。

（3）选中全部文字，设置动画进入效果为“飞入”，在效果选项中选择“自底部”，其余默认设置，如图 3.19 所示。

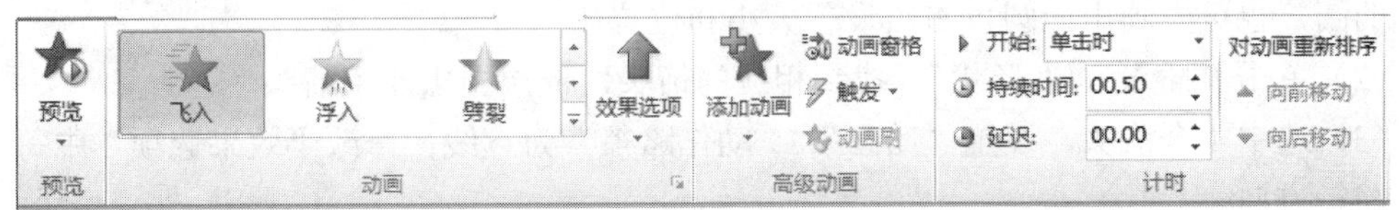

图 3.19 设置动画（自底部飞入）

（4）取消这一张幻灯片的切换效果。单击“切换”选项卡，在“切换到此幻灯片”功能组中选择“无”，如图 3.20 所示。

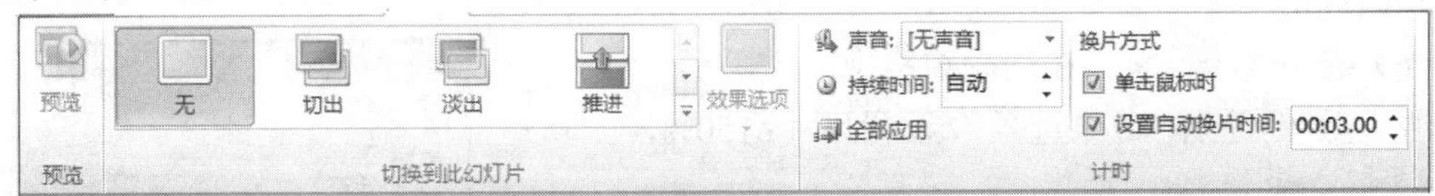

图 3.20 将切换效果设置为“无”

【案例 3.3】显示文字 A、B、C、D

在幻灯片最后一页后，新增加一页，设计出如下效果，单击，依次显示文字 A、B、C、D，如图 3.21 所示。注意：字体、大小等，由考生自定。

【操作提示】

（1）新建一张幻灯片，在幻灯片中插入一个文本框，输入“A”，使用复制/粘贴方法设置其他 3 个。

（2）将 4 个文本框全部选中，设置“动画”/“出现”，选择动画“开始”方式为“单击时”。

（3）取消这一张幻灯片的切换效果。

【案例 3.4】向四周同步扩散的箭头

在幻灯片最后一页后，新增加一页，设计出如下效果，圆形四周的箭头向各自方向同步扩散，放大尺寸为 1.5 倍，重复 3 次，如图 3.22 所示。

注意：圆形无变化，圆形、箭头的初始大小，由考生自定。

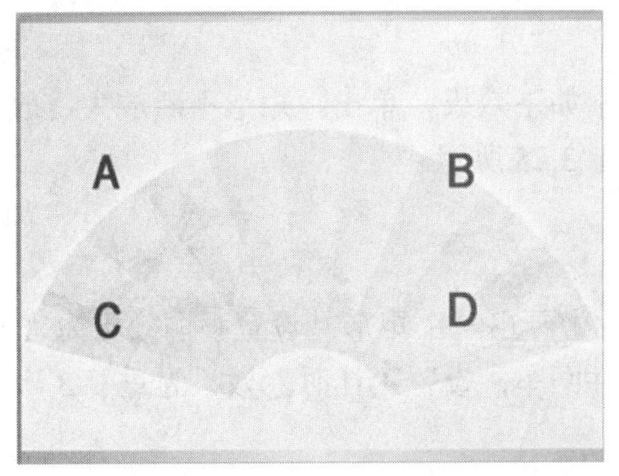

图 3.21 显示文字 A、B、C、D

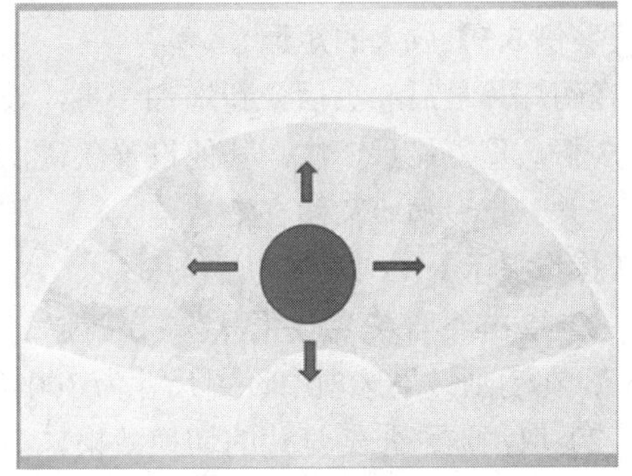

图 3.22 向四周同步扩散的箭头

【操作提示】

（1）新建一张幻灯片，单击“插入”/“形状”，选择椭圆，在幻灯片中按住 Shift 键画中间的圆，也可先画出椭圆再右击设置大小和位置。

（2）单击“插入”/“形状”，找到相应的箭头，依次画出4个箭头。

（3）选中4个箭头，设置“动画”/“动作路径”为直线；修改“效果选项”中每个箭头的路径方向。

（4）选中4个箭头，在“动画窗格”中选择效果选项“计时”，设置重复3次，如图3.23所示，单击“确定”。

（5）选中4个箭头，单击“添加动画”，设置强调效果为“放大/缩小”，设置开始为“与上一动画同时”。

（6）选中4个箭头，在动画窗格中（注意下一组为强调效果）选择“效果选项”，设置尺寸：150%，“计时”重复3次。

（7）设置动画窗格中第1项为“单击时”开始，确认其他各项均为“与上一动画同时”，如图3.24所示。

图3.23 效果选项“计时”

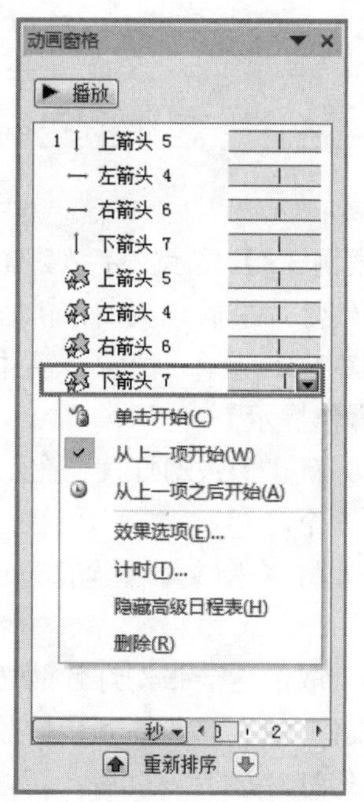

图3.24 动画窗格

（8）取消这一张幻灯片的切换效果。

【案例3.5】放大的矩形

在幻灯片最后一页后，新增加一页，设计出如下效果，单击，矩形不断放大，放大到尺寸3倍，重复显示3次，其他设置默认，如图3.25所示。

注意：矩形初始尺寸自定。

【操作提示】

（1）单击“插入”/“形状”，在新建幻灯片中画出一个矩形；设置强调效果为“放大/缩小”；在动画效果选项中设置尺寸为300%，并回车；设置“计时”效果为重复3次。

（2）取消这一张幻灯片的切换效果。

【案例3.6】我国的首都

在幻灯片最后一页后，新增加一页，设计出如下效果，选择“我国的首都”，若选择正确，则在选项边显示文字“正确”，否则显示文字“错误”，如图3.26所示。

注意：字体、大小等，由考生自定。

图 3.25 放大的矩形

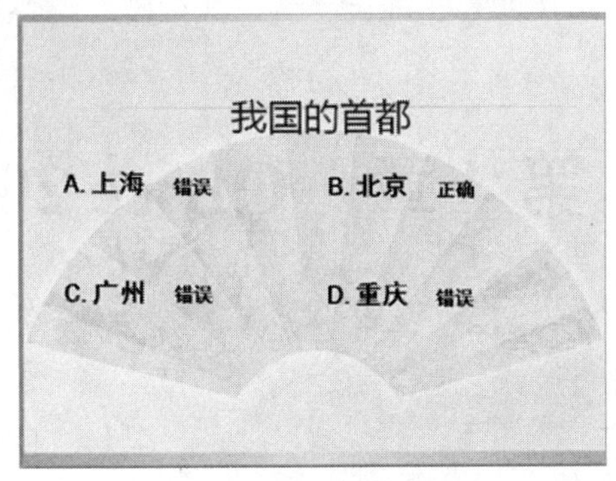

图 3.26 我国的首都

【操作提示】

（1）在标题占位符或新插入的文本框中输入文字“我国的首都”。

（2）插入文本框，输入“A.上海”，复制/粘贴设置其他 3 个城市。

（3）设置表示“错误”或“正确”的 4 个文本框，放置在相应的城市旁边；设置这 4 个文本框的动画“进入效果”为出现，并在动画效果选项中分别设置“触发器”，在“单击下列对象时启动效果”栏中选择合适的对象，如图 3.27 所示。

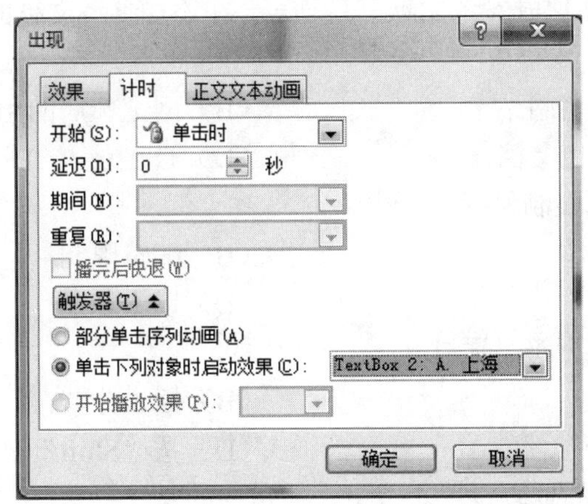

图 3.27 设置“触发器”

（4）取消这一张幻灯片的切换效果。

第 4 章　Office 2010 单选题和判断题

4.1　单　选　题

4.1.1　第一套

1. Word 2010 插入题注时如需加入章节号，如“图 1.1”，无须进行的操作是（　　）。

（A）将章节起始位置套用内置标题样式

（B）将章节起始位置应用多级符号

（C）将章节起始位置应用自动编号

（D）自定义题注样式为“图”

2. Word 2010 可自动生成参考文献书目列表，在添加参考文献的“源”主列表时，“源”不可能直接来自于（　　）。

（A）网络中各知名网站　　（B）网上邻居的用户共享

（C）电脑中的其他文档　　（D）自己录入

3. Word 文档的编辑限制包括（　　）。

（A）格式设置限制　　（B）编辑限制

（C）权限保护　　（D）以上都是

4. Word 中的手动换行符是通过（　　）产生的。

（A）插入分页符　　（B）插入分节符

（C）键入“Enter”　　（D）按“Shift”+“Enter”

5. 关于 Word 2010 的页码设置，以下表述错误的是（　　）。

（A）页码可以被插入到页眉页脚区域

（B）页码可以被插入到左右页边距

（C）如果希望首页和其他页页码不同，必须设置“首页不同”

（D）可以自定义页码并添加到构建基块管理器中的页码库中

6. 关于大纲级别和内置样式的对应关系，以下说法正确的是（　　）。

（A）如果文字套用内置样式“正文”，则一定在大纲视图中显示为“正文文本”

（B）如果文字在大纲视图中显示为“正文文本”，则一定对应样式为“正文”

（C）如果文字的大纲级别为 1 级，则被套用样式为“标题 1”

（D）以上说法都不正确

7. 关于导航窗格，以下表述错误的是（　　）。

（A）能够浏览文档中的标题
（B）能够浏览文档中的各个页面
（C）能够浏览文档中的关键文字和词
（D）能够浏览文档中的脚注、尾注、题注等

8. 关于样式、样式库和样式集，以下表述正确的是（　　）。
（A）快速样式库中显示的是用户最为常用的样式
（B）用户无法自行添加样式到快速样式库
（C）多个样式库组成了样式集
（D）样式集中的样式存储在模板中

9. 如果 Word 文档中有一段文字不允许别人修改，可以通过（　　）。
（A）格式设置限制　　（B）编辑限制
（C）设置文件修改密码　　（D）以上都是

10. 如果要将某个新建样式应用到文档中，以下哪种方法无法完成样式的应用？（　　）
（A）使用快速样式库或样式任务窗格直接应用
（B）使用查找与替换功能替换样式
（C）使用格式刷复制样式
（D）使用“Ctrl”+“W”快捷键重复应用样式

4.1.2　第二套

1. 若文档被分为多个节，并在“页面设置”的版式选项卡中将页眉和页脚设置为奇偶页不同，则以下关于页眉和页脚说法正确的是（　　）。
（A）文档中所有奇偶页的页眉必然都不相同
（B）文档中所有奇偶页的页眉可以都不相同
（C）每个节中奇数页页眉和偶数页页眉必然不相同
（D）每个节的奇数页页眉和偶数页页眉可以不相同

2. 通过设置内置标题样式，以下哪个功能无法实现？（　　）
（A）自动生成题注编号　　（B）自动生成脚注编号
（C）自动显示文档结构　　（D）自动生成目录

3. 以下（　　）是可被包含在文档模板中的元素。
①样式　②快捷键　③页面设置信息　④宏方案项　⑤工具栏
（A）①②④⑤　　（B）①②③④
（C）①③④⑤　　（D）①②③④⑤

4. 以下哪一个选项卡不是 Word 2010 的标准选项卡？（　　）
（A）审阅　　（B）图表工具
（C）开发工具　　（D）加载项

5. 在 Word 2010 新建段落样式时，可以设置字体、段落、编号等多项样式属性，以下不属于样式属性的是（　　）。
（A）制表位　　（B）语言

（C）文本框　　（D）快捷键

6. 在 Word 中建立索引，是通过标记索引项，在被索引内容旁插入域代码形式的索引项，随后再根据索引项所在的页码生成索引。与索引类似，以下哪种目录不是通过标记引用项所在位置生成目录？（　）

（A）目录　　（B）书目

（C）图表目录　　（D）引文目录

7. 在书籍杂志的排版中，为了将页边距根据页面的内侧、外侧进行设置，可将页面设置为（　）。

（A）对称页边距　　（B）拼页

（C）书籍折页　　（D）反向书籍折页

8. 在同一个页面中，如果希望页面上半部分为一栏，后半部分分为两栏，应插入的分隔符号为（　）。

（A）分页符　　（B）分栏符

（C）分节符(连续)　　（D）分节符(奇数页)

9. Excel 图表是动态的，当在图表中修改了数据系列的值时，与图表相关的工作表中的数据（　）。

（A）出现错误值　　（B）不变

（C）自动修改　　（D）用特殊颜色显示

10. Excel 文档包括（　）。

（A）工作表　　（B）工作簿

（C）编辑区域　　（D）以上都是

4.1.3 第三套

1. Excel 一维垂直数组中元素用（　）分开。

（A）\　　（B）\\

（C），　　（D）；

2. Excel 一维水平数组中元素用（　）分开。

（A）；　　（B）\

（C），　　（D）\\

3. VLOOKUP( )函数从一个数组或表格的（　）中查找含有特定值的字段，再返回同一行中某一指定单元格中的值。

（A）第一行　　（B）最末行

（C）最左列　　（D）最右列

4. 返回参数组中非空值单元格数目的函数是（　）。

（A）COUNT( )　　（B）COUNTBLANK( )

（C）COUNTIF( )　　（D）COUNTA( )

5. 关于 Excel 表格，下面说法不正确的是（　）。

（A）表格的第一行为列标题(称字段名)

（B）表格中不能有空列
（C）表格与其他数据间至少留有空行或空列
（D）为了清晰，表格总是把第一行作为列标题，而把第二行空出来

6. 关于 Excel 区域定义不正确的论述是（ ）。
（A）区域可由单一单元格组成
（B）区域可由同一列连续多个单元格组成
（C）区域可由不连续的单元格组成
（D）区域可由同一行连续多个单元格组成

7. 关于分类汇总，叙述正确的是（ ）。
（A）分类汇总前首先应按分类字段值对记录排序
（B）分类汇总可以按多个字段分类
（C）只能对数值型字段分类
（D）汇总方式只能求和

8. 关于筛选，叙述正确的是（ ）。
（A）自动筛选可以同时显示数据区域和筛选结果
（B）高级筛选可以进行更复杂条件的筛选
（C）高级筛选不需要建立条件区，只有数据区域就可以了
（D）自动筛选可以将筛选结果放在指定的区域

9. 计算贷款指定期数应付的利息额应使用（ ）函数。
（A）FV( )　　（B）PV( )
（C）IPMT( )　　（D）PMT( )

10. 将数字截尾取整的函数是（ ）。
（A）TRUNC( )　　（B）INT( )
（C）ROUND( )　　（D）CEILING( )

4.1.4 第四套

1. 将数字向上舍入到最接近的偶数的函数是（ ）。
（A） EVEN( )　　（B） ODD( )
（C） ROUND( )　　（D） TRUNC( )

2. 将数字向上舍入到最接近的奇数的函数是（ ）。
（A）ROUND( )　　（B）TRUNC( )
（C）EVEN( )　　（D）ODD( )

3. 某单位要统计各科室人员工资情况，按工资从高到低排序，若工资相同，以工龄降序排序，则以下做法正确的是（ ）。
（A）主要关键字为“科室”，次要关键字为“工资”，第二个次要关键字为“工龄”
（B）主要关键字为“工资”，次要关键字为“工龄”，第二个次要关键字为“科室”
（C）主要关键字为“工龄”，次要关键字为“工资”，第二个次要关键字为“科室”
（D）主要关键字为“科室”，次要关键字为“工龄”，第二个次要关键字为“工资”

4. 使用 Excel 的数据筛选功能，是将（　　）。

（A）满足条件的记录显示出来，而删除掉不满足条件的数据

（B）不满足条件的记录暂时隐藏起来，只显示满足条件的数据

（C）不满足条件的数据用另外一个工作表来保存起来

（D）将满足条件的数据突出显示

5. 为了实现多字段的分类汇总，Excel 提供的工具是（　　）。

（A）数据地图　　（B）数据列表

（C）数据分析　　（D）数据透视表

6. 下列函数中，（　　）函数不需要参数。

（A）DATE( )　　（B）DAY( )

（C）TODAY( )　　（D）TIME( )

7. 一个工作表各列数据均含标题，要对所有列数据进行排序，用户应选取的排序区域是（　　）。

（A）含标题的所有数据区　　（B）含标题任一列数据

（C）不含标题的所有数据区　　（D）不含标题任一列数据

8. 以下 Excel 运算符中优先级最高的是（　　）。

（A）:　　（B），

（C）*　　（D）+

9. 以下哪种方式可在 Excel 中输入数值–6?（　　）

（A）"6　　（B）(6)

（C）\6　　（D）\\6

10. 以下哪种方式可在 Excel 中输入文本类型的数字“0001”？（　　）.

（A）"0001"　　（B）'0001

（C）\0001　　（D）\\0001

4.1.5 第五套

1. 有关表格排序的说法正确的是（　　）。

（A）只有数字类型可以作为排序的依据

（B）只有日期类型可以作为排序的依据

（C）笔画和拼音不能作为排序的依据

（D）排序规则有升序和降序

2. 在 Excel 中使用填充柄对包含数字的区域复制时应按住（　　）键。

（A）“Alt”　　（B）“Ctrl”

（C）“Shift”　　（D）“Tab”

3. 在表格中，如需运算的空格恰好位于表格最底部，需将该空格以上的内容累加，可通过插入哪个公式实现？（　　）

（A）=ADD(BELOW)　　（B）=ADD(ABOVE)

（C）=SUM(BELOW)　　（D）=SUM(ABOVE)

4. 在记录单的右上角显示“3/30”，其意义是（　　）。
（A）当前记录单仅允许 30 个用户访问
（B）当前记录是第 30 号记录
（C）当前记录是第 3 号记录
（D）您是访问当前记录单的第 3 个用户

5. 在一个表格中，为了查看满足部分条件的数据内容，最有效的方法是（　　）。
（A）选中相应的单元格　　（B）采用数据透视表工具
（C）采用数据筛选工具　　（D）通过宏来实现

6. 在一工作表中筛选出某项的正确操作方法是（　　）。
（A）单击数据表外的任一单元格，执行“数据/筛选”菜单命令，鼠标单击想查找列的向下箭头，从下拉菜单中选择筛选项
（B）单击数据表中的任一单元格，执行“数据/筛选”菜单命令，鼠标单击想查找列的向下箭头,从下拉菜单中选择筛选项
（C）执行“查找与选择/查找”菜单命令，在“查找”对话框的“查找内容”框输入要查找的项，单击“关闭”按钮
（D）执行“查找与选择/查找”菜单命令，在“查找”对话框的“查找内容”框输入要查找的项，单击“查找下一个”按钮

7. PowerPoint 文档保护方法包括（　　）。
（A）用密码进行加密　　（B）转换文件类型
（C） IRM 权限设置　　（D）以上都是

8. PowerPoint 中，下列说法中错误的是（　　）。
（A）可以动态显示文本和对象
（B）可以更改动画对象的出现顺序
（C）图表中的元素不可以设置动画效果
（D）可以设置幻灯片切换效果

9. 改变演示文稿外观可以通过（　　）。
（A）修改主题　　（B）修改母版
（C）修改背景样式　　（D）以上三个都对

10. 幻灯片放映过程中，单击鼠标右键，选择“指针选项”中的荧光笔，在讲解过程中可以进行写和画，其结果是（　　）。
（A）对幻灯片进行了修改
（B）对幻灯片没有进行修改
（C）写和画的内容留在幻灯片上，下次放映还会显示出来
（D）写和画的内容可以保存起来，以便下次放映时显示出来

4.1.6　第六套

1. 幻灯片中占位符的作用是（　　）
（A）表示文本长度　　（B）限制插入对象的数量

（C）表示图形大小　　（D）为文本、图形预留位置

2. 可以用拖动方法改变幻灯片的顺序是（　）。

（A）幻灯片视图　　（B）备注页视图

（C）幻灯片浏览视图　　（D）幻灯片放映

3. 如果希望在演示过程中终止幻灯片的演示，则随时可按的终止键是（　）。

（A）“Delete”　　（B）“Ctrl”+“E”

（C）“Shift”+“C”　　（D）“ESC”

4. 下面哪个视图中，不可以编辑、修改幻灯片？（　）

（A）浏览　　（B）普通

（C）大纲　　（D）备注页

5. Outlook 的邮件投票按钮的投票选项可以是（　）。

（A）是；否　　（B）是；否；可能

（C）赞成；反对　　（D）以上都是

6. Outlook 数据文件的扩展名是（　）。

（A）.dat　　（B）.pst

（C）.dll　　（D）.pts

7. Outlook 中，可以通过直接拖动一个项目拖放到另外一个项目上，而实现项目之间快速转换的有（　）。

（A）邮件与任务的互换　　（B）邮件与日历的互换

（C）任务与日历的互换　　（D）以上都是

8. Outlook 中答复会议邀请的方式不包括（　）。

（A）接受　　（B）反对

（C）谢绝　　（D）暂定

9. Outlook 中可以建立和设置重复周期的日历约会，定期模式包括（　）。

（A）按日、按周、按月、按年　　（B）按日、按月、按季、按年

（C）按日、按周、按月、按季　　（D）以上都不是

10. 当 Outlook 的默认数据文件被移动后，系统会（　）。

（A）显示错误对话框，提示无法找到数据文件

（B）自动定位到数据文件的新位置

（C）自动生成一个新数据文件

（D）自动关闭退出

4.1.7 第七套

1. 对 Outlook 数据文件可以进行的设置或操作有（　）。

（A）重命名或设置访问密码　　（B）删除

（C）设置为默认文件　　（D）以上都是

2. 通过 Outlook 自动添加的邮箱账户类型是（　）。

（A） Exchange 账户　　（B） POP3 账户

（C） IMAP 账户　　（D） 以上都是

3. 在 Outlook 邮件中，通过规则可以实现（　　）。

（A）使邮件保持有序状态

（B）使邮件保持最新状态

（C）创建自定义规则实现对邮件管理和信息挖掘

（D）以上都是

4. Office 提供的对文件的保护包括（　　）。

（A）防打开　　（B）防修改

（C）防丢失　　（D）以上都是

5. Smart 图形不包含下面的（　　）。

（A）图表　　（B）流程图

（C）循环图　　（D）层次结构图

6. 防止文件丢失的方法有（　　）。

（A）自动备份　　（B）自动保存

（C）另存一份　　（D）以上都是

7. 关于模板，以下表述正确的是（　　）。

（A）新建的空白文档基于 normal. dotx 模板

（B）构建基块各个库存放在 Built-In Building Blocks 模板中

（C）可以使用微博模板将文档发送到微博中

（D）工作组模板可以用于存放某个工作小组的用户模板

8. 宏病毒的特点是（　　）。

（A）传播快、制作和变种方便、破坏性大和兼容性差

（B）传播快、制作和变种方便、破坏性大和兼容性好

（C）传播快、传染性强、破坏性大和兼容性好

（D）以上都是

9. 宏代码也是用程序设计语言编写，与其最接近的高级语言是（　　）。

（A） Delphi　　（B） Visual Basic

（C） C#　　（D） JAVA

10. 宏可以实现的功能不包括（　　）。

（A）自动执行一串操作或重复操作　　（B）自动执行杀毒操作

（C）创建定制的命令　　（D）创建自定义的按钮和插件

4.2 判　断　题

4.2.1 第一套

1．dotx 格式为启用宏的模板格式，而 dotm 格式无法启用宏。　　（　　）

2. Word 2010 的屏幕截图功能可以将任何最小化后收藏到任务栏的程序屏幕视图等插入到

文档中。（ ）

3. Word 2010 在文字段落样式的基础上新增了图片样式，可自定义图片样式并列入图片样式库中。（ ）
4. Word 中不但提供了对文档的编辑保护，还可以设置对节分隔的区域内容进行编辑限制和保护。（ ）
5. 按一次“Tab”键就右移一个制表位，按一次“Delete”键左移一个制表位。（ ）
6. 插入一个分栏符能够将页面分为两栏。（ ）
7. 打印时，在 Word 2010 中插入的批注将与文档内容一起被打印出来，无法隐藏。（ ）
8. 分页符、分节符等编辑标记只能在草稿视图中查看。（ ）
9. 拒绝修订的功能等同于撤销操作。（ ）
10. 可以通过插入域代码的方法在文档中插入页码，具体方法是先输入花括号“{”、再输入“page”、最后输入花括号“}”即可。选中域代码后按下“Shift”+“F9”，即可显示为当前页的页码。（ ）

4.2.2 第二套

1. 如果删除了某个分节符，其前面的文字将合并到后面的节中，并且采用后者的格式设置。（ ）
2. 如果要在更新域时保留原格式，只要将域代码中“* MERGEFORMAT”删除即可。（ ）
3. 如需对某个样式进行修改，可单击插入选项卡中的“更改样式”按钮。（ ）
4. 如需使用导航窗格对文档进行标题导航，必须预先为标题文字设定大纲级别。（ ）
5. 书签名必须以字母、数字或者汉字开头，不能有空格，可以用下划线字符来分隔文字。（ ）
6. 位于每节或者文档结尾，用于对文档某些特定字符、专有名词或术语进行注解的注释，就是脚注。（ ）
7. 文档的任何位置都可以通过运用 TC 域标记为目录项后建立目录。（ ）
8. 文档右侧的批注框只用于显示批注。（ ）
9. 样式的优先级可以在新建样式时自行设置。（ ）
10. 域就像一段程序代码，文档中显示的内容是域代码运行的结果。（ ）

4.2.3 第三套

1. 在“根据格式设置创建新样式”对话框中可以新建表格样式，但表格样式在“样式”任务窗格中不显示。（ ）
2. 在审阅时，对于文档中的所有修订标记只能全部接受或全部拒绝。（ ）
3. 在文档中单击构建基块库中已有的文档部件，会出现构建基块框架。（ ）
4. COUNT()函数用于计算区域中单元格个数。（ ）
5. Excel 2010 中的“兼容性函数”实际上已经有新函数替换。（ ）
6. Excel 的同一个数组常量中不可以使用不同类型的值。（ ）

7. Excel 使用的是从公元 0 年开始的日期系统。（　）
8. Excel 中 RAND()函数在工作表计算一次结果后就固定下来。（　）
9. Excel 中的数据库函数的参数个数均为 4 个。（　）
10. Excel 中的数据库函数都以字母 D 开头。（　）

4.2.4　第四套

1. Excel 中使用分类汇总，必须先对数据区域进行排序。（　）
2. Excel 中数组常量中的值可以是常量和公式。（　）
3. Excel 中数组区域的单元格可以单独编辑。（　）
4. Excel 中提供了保护工作表、保护工作簿和保护特定工作区域的功能。（　）
5. HLOOKUP()函数是在表格或区域的第一行搜寻特定值。（　）
6. 不同字段之间进行“或”运算的条件必须使用高级筛选。（　）
7. 单击“数据”选项卡→“获取外部数据”→“自文本”，按文本导入向导命令可以把数据导入工作表中。（　）
8. 当原始数据发生变化后，只需单击“更新数据”按钮，数据透视表就会自动更新数据。（　）
9. 分类汇总只能按一个字段分类。（　）
10. 高级筛选不需要建立条件区，只需指定数据区域即可。（　）

4.2.5　第五套

1. 排序时如果有多个关键字段，则所有关键字段必须选用相同的排序趋势（递增/递减）。（　）
2. 如果所选条件出现在多列中，并且条件间有“与”的关系，必须使用高级筛选。（　）
3. 如需编辑公式，可单击“插入”选项卡中“fx”图标启动公式编辑器。（　）
4. 对于实施了保护工作表的 Excel 工作簿，在不知道保护密码的情况下无法打开。（　）
5. 数据透视表中的字段是不能进行修改的。（　）
6. 修改了图表数据源单元格的数据，图表会自动跟着刷新。（　）
7. 在 Excel 工作表中建立数据透视图时，数据系列只能是数值。（　）
8. 在 Excel 中，符号“&”是文本运算符。（　）
9. 在 Excel 中，数组常量不得含有不同长度的行或列。（　）
10. 在 Excel 中，数组常量可以分为一维数组和二维数组。（　）

4.2.6　第六套

1. 在 Excel 中创建数据透视表时，可以从外部（如 DBF、MDB 等数据库文件）获取源数据。（　）
2. 在 Excel 中既可以按行排序，也可以按列排序。（　）
3. 在排序“选项”中可以指定关键字段按字母排序或按笔画排序。（　）
4. 只有每列数据都有标题的工作表才能够使用记录单功能。（　）

5. 自动筛选的条件只能是一个，高级筛选的条件可以是多个。（ ）
6. PowerPoint 中不但提供了对文稿的编辑保护，还可以设置对节分隔的区域内容进行编辑限制和保护。（ ）
7. 当在一张幻灯片中将某文本行降级时，使该行缩进一个幻灯片层。（ ）
8. 可以改变单个幻灯片背景的图案和字体。（ ）
9. 演示文稿的背景色最好采用统一的颜色。（ ）
10. 在 PowerPoint 中，旋转工具能旋转文本和图形对象。（ ）

4.2.7 第七套

1. 在幻灯片母版中进行设置，可以起到统一标题内容的作用。（ ）
2. 在幻灯片母版中进行设置，可以起到统一整个幻灯片的风格的作用。（ ）
3. 在幻灯片中，超链接的颜色设置是不能改变的。（ ）
4. 在幻灯片中，剪贴图有静态和动态两种。（ ）
5. Outlook 的默认数据文件可以随意指定。（ ）
6. Outlook 的数据文件可以随意移动。（ ）
7. Outlook 中，可以在发送的电子邮件中添加征询意见的投票按钮，系统会将投票结果送回发件人的收件箱。（ ）
8. Outlook 中，自定义的快速步骤可以同时应用于不同的数据文件中的邮件。（ ）
9. Outlook 中发送的会议邀请，系统会自动添加到日历和待办事项栏中的约会提醒窗格。（ ）
10. Outlook 中收件人对会议邀请的答复可以有三种：接受、暂定和拒绝。（ ）

4.3 单选题和判断题参考答案

1. 单选题

	1	2	3	4	5	6	7	8	9	10
第一套	C	B	D	D	B	D	B	A	B	B
第二套	D	C	D	B	C	B	A	C	C	D
第三套	D	C	C	D	D	C	A	B	C	A
第四套	A	D	A	B	D	C	C	A	B	B
第五套	D	B	D	C	C	B	D	C	D	D
第六套	D	C	D	A	D	B	D	B	A	A
第七套	D	D	D	D	A	D	A	B	B	B

2. 判断题

	1	2	3	4	5	6	7	8	9	10
第一套	F	T	F	T	T	T	T	T	T	T
第二套	F	T	F	T	F	F	T	T	T	T
第三套	T	F	T	F	T	T	F	F	F	T

续表

	1	2	3	4	5	6	7	8	9	10
第四套	T	F	F	T	T	T	T	T	T	F
第五套	F	F	F	F	F	T	T	T	T	T
第六套	T	T	T	T	F	F	T	T	T	T
第七套	F	T	F	T	T	T	T	T	T	T

附录 考 试 大 纲

附录为浙江省高校非计算机专业计算机等级考试《二级办公软件高级应用技术考试大纲》。

一、基本要求

1. 掌握 Office 2010 各组件的运行环境、视窗元素等。

2. 掌握 Word 2010 的基础理论知识以及高级应用技术，能够熟练掌握长文档的排版（页面设置、样式设置、域的设置、文档修订等）。

3. 掌握 Excel 2010 的基础理论知识以及高级应用技术，能够熟练操作工作簿、工作表，熟练地使用函数和公式，能够运用 Excel 内置工具进行数据分析，能够对外部数据进行导入导出等。

4. 掌握 PowerPoint 2010 的基础理论知识以及高级应用技术，能够熟练掌握模版、配色方案、幻灯片放映、多媒体效果和演示文稿的输出。

5. 掌握 Outlook 2010 的基础理论知识以及高级应用技术，能够熟练进行邮件与账户管理、管理日程与计划时间、管理任务、组织与管理信息。

6. 了解 Office 2010 的文档安全知识，能够利用 Office 2010 的内置功能对文档进行保护。

7. 了解 Office 2010 的宏知识、VBA 的相关理论，并能够简单应用 VBA。

二、考试范围

（一）Word 2010 高级应用

1. Word 2010 页面设置：正确设置纸张、版心、视图、分栏、页眉页脚，掌握节的概念并能正确使用。

（1）纸张大小。

（2）版心的大小和位置。

（3）页眉与页脚（大小位置、内容设置、页码设置）。

（4）节的概念（节的起始页、奇偶页的页眉/页脚不同、自动编列行号）。

2. Word 2010 样式设置。

（1）掌握样式的概念，能够熟练地创建样式、修改样式的格式，使用样式（样式涵盖的各种格式、修改既有样式、新增段落样式、新增字符样式、内建样式）。

（2）掌握模板的概念，能够熟练地建立、修改、使用、删除模板（模板的概念，各种设置的栖身规则、Word 内建模板、Normal.dotx、全局模板、模板的管理）。

（3）正确使用脚注、尾注、题注、交叉引用、索引和目录等引用。

1）脚注：脚注及尾注概念、脚注引用及文本。

2）题注：题注样式、题注标签的新增、修改、题注和标签的关系。

3）交叉引用：引用类型、引用内容。

4）索引：索引相关概念、索引词条文件、自动化建索引或手动建索引。

5）目录：自动生成目录、手工添加目录项、目录的更新、图表目录的生成。

3. Word 2010 域的设置：掌握域的概念，能按要求创建域、插入域、更新域。

（1）域的概念。

（2）域的插入及更新（插入域、更新域、显示或隐藏域代码）。

（3）常用的一些域（Page 域[目前页次]、Section 域[目前节次]、NumPages 域[文档页数]、TOC 域[目录]、TC 域[目录项]、Index 域[索引]、StyleRef 域）。

（4）StyleRef 域选项（域选项、域选项的含义、StyleRef 的应用）。

4. 文档修订：掌握批注、修订模式，审阅。

（1）批注、修订的概念。

（2）批注、修订的区别。

（3）批注、修订使用。

（4）审阅的使用。

（二）Excel 2010 高级应用

1. 工作表的使用。

（1）能够正确地分割窗口、冻结窗口，使用监视窗口。

（2）深刻理解样式、模板概念，能新建、修改、应用样式，并从其他工作簿中合并样式，能创建并使用模板，并应用模板控制样式。

（3）使用样式格式化工作表。

2. 单元格的使用。

（1）单元格的格式化操作。

（2）创建自定义下拉列表。

（3）名称的创建和使用。

3. 函数和公式的使用。

（1）掌握函数的基本概念。

（2）熟练掌握 Excel 内建函数（统计函数、逻辑函数、数据库函数、查找与引用函数、日期与时间函数、财务函数等），并能利用这些函数对文档数据进行统计、分析、处理。

（3）掌握公式和数组公式的概念，并能熟练掌握对公式和数组公式的使用（添加、修改、删除）。

4. 数据分析。

（1）掌握 Excel 表格的概念，能设计表格，使用记录单，利用自动筛选、高级筛选以及数据库函数来筛选数据列表，能排序数据列表，创建分类汇总。

（2）了解数据透视表和数据透视图的概念，并能创建数据透视表和数据透视图，在数据透视表中创建计算字段或计算项目，并能组合数据透视表中的项目。

（3）使用切片器对数据透视表进行筛选，使用迷你图对数据进行图形化显示。

5. 外部数据导入与导出：与数据库、XML 和文本的导入与导出。

（三）PowerPoint 2010 高级应用

1. 模板与配色方案的使用。

（1）掌握设计模板的使用，并能运用多重设计模板。

（2）掌握使用、创建、修改、删除配色方案，包括以下颜色的设置：背景颜色、文本与线条颜色、阴影颜色、标题文本颜色、填充颜色、强调颜色、强调文字与超链接、强调文字与已访问的超链接等。

2. 母板的使用：掌握标题母板、幻灯片母板的编辑并使用（母板字体设置、日期区设置、页码区设置）。

3. 幻灯片动画设置：自定义动画的设置、动画延时设置、幻灯片切换效果设置、切换速度设置、自动切换与鼠标单击切换设置、动作按钮的使用。

4. 幻灯片放映：幻灯片隐藏、实现循环播放。

5. 演示文稿输出：掌握将演示文稿发布成 WEB 页的方法、掌握将演示文稿打包成 CD 的方法。

（四）Outlook 2010 邮件与事务日程管理软件

1. 邮件与账户管理。

（1）创建邮件账户（IMAP 或 POP 3）并管理 Outlook 数据文件（创建和删除邮件文件夹、更改数据文件设置、在文件夹中移动邮件、设置自动存档、清空已删除和已发送文件夹）等。

（2）配置电子邮件的安全设置、发送设置、附件存档、敏感度和重要性等。

（3）选择账户创建邮件并进行日历传递、会议邀请和答复、跟踪、标记、意见征询投票等操作设置。

（4）使用默认或创建“快速步骤”，一键实现经常进行的多步操作。

（5）创建搜索文件夹，用来快速搜索某个数据文件中的所有指定的邮件。

（6）创建规则管理邮件，将所有接收和发送的邮件自动完成符合预先设置规则的操作（设置移动邮件规则、设置分类邮件规则、设置转发邮件规则、设置删除邮件规则）。

2. 管理日程与计划时间。

（1）自定义日历设置、设定每周工作日、显示多个时区、更改时区、向日历内添加预设假期、与其他人共享日程、查看其他日程、个人忙或闲设定、日历提醒设置等。

（2）查看他人的日历、以重叠模式查看多个日历等。

（3）发送会议请求、发送强制会议要求、发送可选会议要求、查看与会者忙闲状态、追踪会议要求的回复、安排会议资源、建议或拒绝和响应会议要求、建议更改会议时间、增加与会者、修改周期性会议请求、只向新与会者发送会议更新、取消会议等。

（4）从邮件中创建约会或会议和事件、从任务中创建约会或会议和事件、对约会或会议和事件进行标记等。

3. 管理任务。

（1）创建周期性任务、从邮件创建任务、设置任务的状态、优先性和完成百分比、标记任务、任务提醒设置等。

（2）创建或修改和标记为已完成任务、接受或拒绝或转让或更新和回应任务、向他人指派任务等。

（3）管理联系人和个人联系信息。

（4）从邮件头创建联系人、从电子名片创建联系人、将接收到的联系人记录保存为联系人、修改联系人信息等。

（5）编辑和使用电子名片、向他人发送电子名片、将电子名片设置为签名等。

（6）建立和修改通讯组列表、为联系人添加二级通讯簿、从文件中导入二级通讯簿等。

4. 组织与管理信息。

（1）通过色彩来分类 Outlook 2010 中的各项目（标记邮件、约会、会议、联系人和任务）、按照颜色排序 Outlook 条目等。

（2）搜索功能定位 Outlook 2010 中的项目使用（查找全部邮件文件夹、搜寻关于某个人的信息、搜寻任务或联系人）等。

（3）邮件视图设置（显示、隐藏和移动阅读窗格、自定义 Outlook、显示或隐藏或最小化待办事项栏、自定义待办事项栏等）。

（4）创建和管理 Outlook 2010 资料文件、导入或导出数据文件等。

（五）Office 公共组件的使用

1. 安全设置：Word 文档的保护，Excel 中的工作簿、工作表、单元格的保护，演示文稿安全设置：正确设置演示文稿的打开权限、修改权限密码。

（1）文档安全权限设置。

（2）Word 文档保护机制：格式设置限制、编辑限制。

（3）Word 文档窗体保护：分节保护、复选框窗体保护、文字型窗体域、下拉型窗体域。

（4）Excel 工作表保护：工作簿保护、工作表保护、单元格保护、文档安全性设置、防打开设置、防修改设置、防泄私设置、防篡改设置。

2. 宏的使用。

（1）宏概念。

（2）宏的制作及应用。

（3）宏与文档及模板的关系（与文档及模板关系、宏的存储位置管理）。

（4）VBA 的概念（VBA 语法基础、Word 对象及模型概念、常用的一些 Word 对象）。

（5）宏安全（宏病毒概念、宏安全性设置）。

参 考 文 献

[1] 吴华，兰星．Office 2010 办公软件应用标准教程[M]．北京：清华大学出版社，2012.

[2] 郭刚．Office 2010 应用大全[M]．北京：机械工业出版社，2010.

[3] 恒盛杰资讯．Office 2010 电脑办公从入门到精通[M]．北京：科学出版社，2011.

[4] 张金秋，牛炎．大学计算机基础教程（Windows 7+Office 2010 版）[M]．上海：上海大学出版社，2012.